하루
하루,
홈카페

솜솜이(박성미)

맛있는 것을 좋아하고 예쁜 카페를 찾아 사진을 찍고 글을 쓰는 것을 즐긴다. SNS에 직접 만든 음료와 디저트를 올리며 자신만의 홈카페를 운영 중이다. 클래스 101에서 '솜솜카페'라는 이름으로 홈카페 온라인 강의를 오픈했다. 무더운 여름이 찾아오기 전에 따뜻하고 아늑한 공간을 만들어 많은 사람들과 함께 맛있는 디저트와 음료, 소박한 즐거움을 나누고 싶다.

인스타그램 솜솜카페 @som_e92

하루 하루, 홈카페

맛있는 아이스 음료
레시피 77

솜솜이(박성미) 지음

taste BOOKS

open, home cafe

TEA

coffee, tea, and fruits
iced drink recipe 77

PROLOGUE

많은 사람들과 마찬가지로 저 또한 '나는 잘하는 게 무엇일까?', '나는 무엇을 하고 싶은 걸까?'라는 질문을 스스로에게 던지곤 했습니다. 결국 하고 싶은 걸 선택해야겠다는 결심을 하고 회사를 그만두고 새로운 분야에 도전했습니다. 하지만 '하고 싶은 것'과 '잘하는 것'은 큰 차이가 있었습니다. 그 벽을 무너뜨릴 수 있는 건 '노력'뿐이었고 저는 벽을 무너뜨릴 만큼 노력하지 못했지요. 결국 저의 인생은 원하던 것과는 다른 방향으로 흘러가고 있었습니다.
계속되는 방황 속에서도 작은 기쁨이 하나 있었습니다. 카페에 가서 예쁜 음료와 맛있는 디저트를 먹고 사진으로 남기는 것이었어요. 어떤 날에는 하루에 네다섯 곳을 방문하는 날도 있었어요. 밥보다 커피와 디저트를 더 많이 먹었지요. 어느 날 문득, "이렇게 예쁜 커피를 나도 만들 수 있을까?"라는 생각이 들었어요. 예쁜 유리잔과 과일 등을 사서 카페에서 마셨던 메뉴를 떠올리며 저만의 레시피로 이것저것 만들어보았어요.
가장 처음 만든 메뉴는 딸기스무디였어요. 빨갛고 예쁜 딸기를 갈아서 유리잔에 담고 생크림과 딸기를 올렸습니다. 보기에는 그럴

듯했지만 너무 건강한 맛이었지요. 시럽과 꿀 등을 넣으며 카페에서 마시던 음료에 가까운 맛을 만들었어요. 다양한 재료로 새로운 메뉴를 만들다보니 점점 더 호기심이 생겨서 평소 좋아하지 않았던 재료도 적극적으로 활용하게 되었어요. 음료 한 잔을 만들기 위해 들인 정성이 있어서 자연스럽게 재료에도 애정이 생긴 것 같아요.
처음에는 샷 글라스가 없어서 음료를 뚝뚝 흘리고, 얼음 스쿱이 없어서 종이컵으로 얼음을 담았습니다. 하루도 빠지지 않고 음료를 만들면서 "더 맛있는 건 뭐가 있을까?", "얼마만큼 넣어야 할까?", "이런 재료를 활용하면 어떨까?" 고민을 하고 여러 번 시도하면서 저만의 레시피를 만들었어요. 하나둘 예쁜 소품을 구입하고 마음에 드는 잔도 모았지요. 어느새 테이블과 에스프레소 머신까지 구입해서 방 안에 작은 카페를 만들게 되었네요.
아침에 눈을 뜨자마자 향긋한 커피를 내려서 즐기는 여유로움. 꼭 아침이 아니어도 좋아요. 고된 하루를 마치고 집에 들어왔을 때 온몸에 느껴지는 차가운 공기에 한숨을 쉬며 "오늘도 힘들게 하루가 지나갔구나"라는 허무함 대신 수고한 자신에게 음료 한 잔을 만들어주세요. 코끝을 자극하는 향긋한 홍차, 깊은 맛을 가진 커피, 기분까지 좋아지는 달콤한 에이드 등 오롯이 자신을 위해 만들어보세요. 그 안온한 시간을 즐겨보세요. 10분, 20분, 길지 않아도 좋아요. 충분히 만끽할 수만 있다면요. 틀에 박힌 말 같지만 행복은 멀리 있지 않거든요.
어떤 잔에 담아야 음료의 매력이 표현될 수 있을까, 어떤 모양의 얼음을 넣어볼까 등 재료를 준비하며 소품을 고르는 순간부터 작은 설렘으로 기분이 좋아집니다.
〈하루하루, 홈카페〉를 준비하면서 세상에는 많은 음료가 있고 얼마든지 다양하게 만들 수 있다는 것을 한번 더 깨닫게 되었어요. 새로운 조합을 시도해보고 좋아하는 재료를 더해 자신만의 레시피를 만들어보세요. 누군가에게도 자연스럽게 맛있는 음료를 소개할 수 있답니다. 기쁨은 나누면 더 커지잖아요.
스스로 주인이 되어 운영해보는 홈카페, 이제 시작해볼까요?

CONTENTS

LESSON

COFFEE

1_콜드브루

2_에스프레소

FRUITS

TEA

1_말차와 녹차

200

196

204

198

190

192

2_ 홍차와 허브차

LESSON

*이 책에서 소개하는 메뉴의 재료와 분량은 1잔 기준입니다.
분량이 다를 경우 재료 옆에 별도 표기했습니다.

1_ 재료 알아보기

맛있는 음료의 기본은 재료입니다. 커피, 차, 과일 등 기본 재료를 먼저 선택한 뒤 시럽, 유제품, 초콜릿 등 기호에 따라 부재료를 첨가하면 됩니다. 브랜드나 제조 회사에 따라 맛의 차이가 있으니 자신의 입맛에 맞는 재료를 찾으려면 다양하게 접해보는 것이 좋습니다. 먼저 재료의 특성에 대해 소개합니다.

커피

형태에 따른 구분

커피 시장이 폭발적으로 증가하면서 집에서도 커피를 즐기는 사람들이 늘어나고 있습니다. 그에 따라 다양한 추출 방법과 기구를 쉽게 접할 수 있고요. 커피는 추출 방법에 따라 맛이 달라집니다. 장소에 구애받지 않고 스틱 하나만 챙겨서 간편하게 마실 수 있는 인스턴트커피, 기다림이 필요하지만 풍미가 남다른 더치커피, 진한 커피향을 느낄 수 있는 에스프레소 등이 있습니다.

원두

커피나무 열매를 수확하여 가공하기 전의 상태를 원두(커피콩)라고 합니다. 커피나무에서 수확한 열매를 세척하고 씨를 분리한 다음 햇빛에 말린 뒤 일정한 시간 동안 볶고 곱게 분쇄해서 우리가 아는 커피를 만듭니다. 이 과정을 통해 커피에 깊은 향을 더합니다. 분쇄한 커피 원두는 에스프레소 머신 등을 이용해 커피를 추출합니다.

인스턴트커피

커피를 가루로 분쇄하여 포장한 커피로 설탕이 들어가 달콤한 커피부터 원두 본연의 맛을 느낄 수 있는 진한 커피도 있습니다. 인스턴트커피는 찬물에도 잘 녹는 것이 장점입니다. 종이컵에 ⅔ 정도 물을 채우고 커피 한 봉지를 넣고 얼음을 넣으면 적당합니다. 물을 조절해서 더 진하거나 연하게 만들 수 있습니다.

드립백

갓 볶은 원두를 팩에 담아 우려내는 커피로 휴대하기에도 좋습니다. 텀블러 또는 머그잔에 살짝 걸친 다음 뜨거운 물을 부어주면 풍미가 깊은 커피를 즐길 수 있습니다. 물의 온도는 80~90℃가 적당합니다. 커피를 내릴 때 먼저 드립백 위에 물을 부어 원두를 적신 뒤 물을 세 번에 걸쳐 천천히 부어서 추출합니다.

더치커피

더치커피는 찬물 또는 상온의 물을 이용하여 우려내는 커피입니다. 뜨겁게 내리는 에스프레소와 달리 원두를 24시간 정도 냉침한 뒤 물과 희석하여 마십니다. 짧게는 3~4시간, 길게는 24시간을 우려내 추출합니다. 티백을 사용한다면 8시간 정도가 적당합니다. 적당하게 냉침한 더치커피는 쓴맛이 느껴지지 않고 부드러운 맛이 느껴집니다.

원두의 종류

커피는 원산지, 품종, 로스팅에 따라 맛과 특징이 달라집니다. 기호식품인 만큼 각자의 취향에 맞는 원두를 선택해서 로스팅하면 더 마음에 드는 음료를 만들 수 있습니다. 커피의 품종은 크게 아라비카와 로부스타 두 가지로 나뉩니다. 아라비카는 전 세계 커피 생산량의 70%를 차지하는 품종으로 원두가 길쭉하고 가운데 크랙이 곡선으로 나뉩니다. 아라비카는 재배하기는 까다롭지만 맛과 향이 뛰어나 생산량이 증가하고 있습니다. 로부스타는 전 세계 커피 생산량의 30% 정도를 차지하는데 원두가 동그랗고 크며 크랙이 일직선입니다. 습도가 높은 고온에서도 잘 자라고 병충해에 강하고 단단합니다. 원두는 국가나 재배 지역, 등급에 따라 이름을 붙입니다. 예를 들어 케냐 더블에이라면 케냐산 원두이며 등급이 더블에이인 것입니다. 에티오피아 예가체프는 예가체프 지역에서 생산하는 원두입니다.

케냐 더블에이

아프리카 킬리만자로산의 동쪽에서 재배되는 커피로 묵직하고 오묘한 과일향, 가볍지 않은 신맛이 특징입니다. 균형이 좋은 커피입니다.

콜롬비아 수프리모

비옥한 지역에서 생산되는 콜롬비아 수프리모는 중남미를 대표하는 커피입니다. 부드러운 신맛, 진한 초콜릿향 같은 단맛을 느낄 수 있습니다. 부드럽고 쓴맛이 적어서 커피 입문자에게 추천합니다.

인도네시아 수마트라 만델링

묵직한 바디감과 적당히 쓴맛, 부드러운 단맛이 어우러지는 원두입니다. 산미가 낮은 편이며 흙내가 짙어 호불호가 있지만 고급 커피라고 할 수 있습니다.

에티오피아 예가체프

에티오피아 남부 예가체프 지역의 고지대에서 재배되는 커피로 에티오피아 커피 중 가장 세련된 커피로 유명합니다. 원두는 연한 색을 띠며 라벤더와 얼그레이의 향을 느낄 수 있습니다. 산미는 강하지만 단맛과 부드러운 맛이 잘 어울립니다.

과테말라 안티구아

전체적인 균형이 훌륭한 커피로 잡미가 없고 깔끔한 단맛을 느낄 수 있습니다.

추출기에 어울리는 굵기

다른 원두를 사용할 때마다, 추출 방법에 따라 원두의 굵기를 조절해야 한다는 번거로움이 있지만 원두의 굵기는 맛에 영향을 미치기 때문에 원두의 특성을 파악하여 굵기를 조절해야 합니다. 그라인더가 없다면 나사를 조절해 분쇄도를 정할 수 있는 핸드밀이 적합합니다. 프렌치프레스용부터 에스프레소용까지 단계를 조절하여 원두를 분쇄해주세요.

프렌치프레스용

원두가 거칠게 만져지는 정도로 굵게 갈아주면 됩니다. 굵은 소금 정도의 굵기입니다.

핸드드립용

핸드드립은 압력을 가하지 않고 종이필터를 이용해 추출하기 때문에 커피의 오일 성분이나 미세한 입자들이 종이필터에 걸러집니다. 프렌치프레스용과 모카포트의 중간 정도 굵기로 분쇄해주세요. 굵은 소금보다 약간 가는 정도입니다.

더치커피용

모카포트 분쇄보다 굵게 갈아주세요. 설탕 입자보다 굵은 정도입니다.

모카포트용

모카포트는 가열하여 에스프레소를 만들기 때문에 가늘게 조절해주세요. 핸드드립과 에스프레소의 중간 정도로 설탕 입자 정도의 굵기입니다.

에스프레소용

에스프레소를 내릴 때 사용하는 원두는 가장 곱게 분쇄해야 합니다. 손으로 만졌을 때 부드럽게 만져지는 정도가 좋습니다. 설탕 입자보다 더 가늘게 분쇄해주세요.

인스턴트커피
KANU 카누
Mini
가루차
티백
원두
TWG TEA
티백
잎차
UCC
REGULAR
1933
COFFEE
GOLD SPECIAL
ゴールドスペシャル
水出しアイス珈琲
濃厚な香りとコクの本格コーヒー
1袋入(500ml用) レギュラーコーヒー
더치커피

차

형태에 따른 구분

차는 차나무의 어린잎을 따서 마실 수 있도록 가공한 것입니다. 식물의 잎이나 뿌리, 과일 등을 우리거나 달여 만든 것도 차라고 부르지만 일반적으로는 찻잎을 사용하여 만든 마실 거리를 말합니다. 차는 보통 잎차나 티백을 우려 마십니다. 잎차는 풍미를 깊게 느낄 수 있으며 티백은 휴대가 편리하여 언제 어디서나 잔과 물만 있다면 간편하게 마실 수 있습니다. 하지만 티백은 잎차만큼의 풍미가 느껴지지 않습니다. 가루차는 다양하게 즐길 수 있으며 말차라테, 쑥라테 등 유제품과 함께 즐겨도 좋습니다.

잎차

차나무 잎의 형태를 유지한 그대로 볶거나 쪄서 모양을 변형시키지 않은 차를 말합니다. 뜨거운 물에 우려내면 잎의 모양이 살아납니다. 티 스트레이너에 잎을 적당량 넣고 잔에 걸친 뒤 뜨거운 물에 우려내면 간편합니다. 많은 양의 차를 우릴 때는 티포트를 사용합니다.

티백

티백은 잎차를 가늘게 분쇄하여 작은 주머니에 넣은 것입니다. 분쇄했기 때문에 잎차보다 적은 양을 사용해도 짧은 시간에 진하게 우려낼 수 있고 차를 우리고 잎을 걸러내는 번거로움을 덜어줍니다. 간단하게 즐길 수 있으며 우리는 시간은 각각 다르니 설명서를 참고하면 됩니다.

가루차

찻잎을 시루에 쪄서 그늘에서 말린 뒤 가루로 만든 차로 가루를 물에 타서 마십니다. 말차, 쑥차 등이 있습니다. 다완에 가루를 담고 차선으로 곱게 풀어서 마셔도 됩니다.

차의 종류

차는 가공법에 따라 맛 자체가 달라집니다. 녹차와 홍차는 둘 다 찻잎을 사용하지만 하나는 발효를 하지 않고 하나는 발효를 합니다. 발효 과정과 시기에 따라 차이가 있지만 일반적으로 홍차는 열처리를 하기 전에 발효 과정을 거칩니다. 열처리 후에 발효를 하는 후발효차로는 흑차, 청차가 있으며 우롱차, 보이차 등이 대표적입니다. 이외에도 어린잎을 별다른 처리 없이 건조하여 만든 백차 등도 있습니다. 이처럼 가공법에 따라 찻잎의 색, 우려낸 뒤의 색 차이는 물론 맛의 차이도 확연하게 느낄 수 있습니다.

홍차

제조 공정에 따라 발효한 붉은색의 차입니다. 열처리 전에 발효 과정을 거쳐 순수하게 찻잎만 들어가 있는 형태로 다즐링, 아삼, 잉글리시 브랙퍼스트 등이 있습니다. 홍차는 재배 지역, 첨가한 향이나 재료에 따라 이름을 붙입니다. 각각의 홍차마다 우려내는 시간과 물 온도가 다르기 때문에 설명서를 참조해서 우려내면 됩니다. 동양에서는 우려낸 색깔을 보고 '홍차紅茶'라고 부르지만 서양에서는 홍차의 찻잎이 검은색을 띈다고 하여 '블랙티 black tea'라고 부릅니다.

녹차

찻잎을 잘게 부수어 마시는 잎차로 차광 재배를 하지 않은 어린잎을 갈아서 만들기 때문에 말차보다 굵고 산화 효소를 파괴시켜 녹색이 유지되도록 만든 불발효차입니다. 일반적으로 녹차를 우릴 때는 70~80℃의 물에서 2분 정도 우려내어 마십니다. 녹차는 비타민 E와 비타민 C가 풍부하다고 알려져 있습니다.

말차

일본식으로 '맛차まっちゃ'라고 부르는 고급 가루차입니다. 말차 전용기계를 사용하여 찻잎을 시루에 쪄서 그늘에 말린 뒤 잎맥을 제거하고 곱게 갈아서 미세한 가루 형태입니다. 진한 녹색을 띄고 있는데 음료를 만들어도 색이 탁해지지 않습니다. 물에 타서 마시기도 하지만 우유에 타서 설탕을 더해 마시면 특유의 부드러움을 느낄 수 있습니다.

가향차

찻잎에 향을 입혀 새로운 차를 탄생시킨 것입니다. 우리에게 가장 익숙한 가향차는 베르가못향을 입힌 얼그레이입니다. 밤, 캐러멜, 초콜릿 등이 가향된 차는 밀크티를 만들 때 사용하면 더 풍부한 맛을 내고 딸기, 망고, 복숭아 등 과일의 달콤한 향이 있는 차는 냉홍차의 베이스로 사용하면 좋습니다. 홍차가 익숙하지 않다면 달콤한 향을 더한 가향차로 시작해보는 것도 좋습니다.

허브차

허브를 건조해 가공한 차입니다. 로즈메리, 재스민, 라벤더, 캐모마일, 페퍼민트, 루이보스 등이 대표적입니다. 흔히 티백이나 잎차로 즐기며 허브를 그대로 말린 경우 잎을 띄워서 마실 수 있어서 다른 도구가 필요하지 않습니다.

히비스커스

히비스커스는 철분과 칼슘, 비타민이 함유되어 있는 차입니다. 색소를 사용하지 않고도 예쁜 빨간빛이 우러나 차로 마시거나 얼음으로 만들어 사용합니다. 새콤한 맛이 있어서 빈속에 마시거나 다량을 섭취하지 않는 것이 좋습니다.

과일

신선한 과일 선택법

자몽

껍질에 윤기가 돌고 눌러도 일그러지지 않고 원형을 유지하는 상태가 좋습니다. 신문지에 돌돌 말아서 보관하면 수분이 증발되는 것을 막아서 한 달 정도 신선하게 보관할 수 있습니다.

레몬

껍질에 윤기가 돌고 선명한 노란색이며 묵직한 것이 좋습니다. 레몬 역시 신문지에 돌돌 말아서 보관하면 수분이 증발되는 것을 막아서 한 달 정도 신선하게 보관할 수 있습니다.

사과

꼭지가 푸른 것보다는 전체적으로 붉은색이며 윤기가 돌고 흠이 없고 탱탱한 것이 좋습니다. 사과는 냉장고에서 보관하며 일주일 정도가 가장 맛있을 때니 그 안에 먹으면 좋습니다.

파인애플

왕관 모양의 잎 부분이 진한 녹색이고 향이 진할수록 좋습니다. 파인애플이 노랗게 숙성되지 않았다면 통풍이 잘되는 상온에서 잎 부분이 아래로 가도록 뒤집어서 숙성시키면 됩니다. 숙성시킨 뒤 껍질과 과육을 분리하여 정사각형으로 손질한 뒤 냉장 보관하면 됩니다.

유자

껍질과 과육을 모두 사용하는 과일이기에 껍질을 잘 봐야 합니다. 껍질에 상처가 없고 두껍고 모양이 울퉁불퉁한 것이 맛있습니다. 레몬이나 자몽처럼 신문지에 감싸서 보관하면 됩니다.

딸기

꼭지가 진한 녹색이고 마르지 않은 상태가 좋습니다. 향긋한 향이 나면서 색깔이 선명한 빨간색인 것이 좋고 크기가 너무 작거나 불규칙한 것보다 비슷한 크기에 흠이 없는 딸기가 당도도 높습니다. 딸기는 2~3일이 지나면 물러지니 구입하고 바로 먹는 것이 좋습니다.

과일을 먹는 방법

과일의 특성을 알면 더 맛있고 건강하게 즐길 수 있습니다. 과일을 껍질째 섭취한다면 꼭지 부분까지 꼼꼼하게 씻은 뒤에 먹어야 합니다. 껍질째 먹으면 영양분을 그대로 섭취할 수 있지만 첫맛과 끝맛의 달콤함만을 부드럽게 즐기기 위해선 껍질을 제거하고 먹는 것을 추천합니다. 설탕이나 시럽 등에서 느껴지는 인위적인 달콤함이 아닌 과일 특유의 신선함이 향긋하게 입안 가득 퍼지는 것을 즐길 수 있습니다.

껍질째 먹는 과일 세척하기

과일을 껍질째 청을 만들거나 먹을 계획이라면 세척이 무척 중요합니다. 3단계에 걸쳐 깨끗하게 세척해주세요.

[1] 볼에 찬물과 베이킹소다 1큰술을 넣고 과일 껍질의 이물질을 뽀득뽀득 씻어줍니다.

[2] 굵은 소금을 이용해 과일 표면을 한 번 더 닦아줍니다.

[3] 물을 끓인 뒤 불을 끄고 바로 과일을 넣고 2~3분 정도 굴리며 소독해줍니다.

* 작은 딸기처럼 무르기 쉬운 과일은 흐르는 물에 2~3번 정도 씻어줍니다. 딸기를 씻을 때는 꼭지를 제거하지 않고 세척합니다.

갈아서 마시기

수박, 참외, 멜론 같은 과일은 수분이 많아서 금방 무르기 때문에 약간의 물과 함께 블렌더에 넣고 갈아서 마시면 좋습니다. 씨를 제거하지 않고 같이 갈면 영양분도 손실되지 않습니다.

청으로 만들기

제철 과일에 설탕을 넣고 숙성시켜서 과일청을 만든 뒤 에이드나 과일차 등 다양한 메뉴에 활용하면 좋습니다. 제철이 지난 뒤에도 오랫동안 즐길 수 있다는 장점이 있습니다. 무른 과일이나 당도가 떨어지는 과일로 만드는 것보다 당도가 높을 때 만들어야 단맛이 진하고 더 맛있습니다.

말린 과일 만들기

과일을 말리면 간식으로 먹기도 좋고 음료나 음식을 장식하기에도 좋습니다. 물을 많이 마시기 힘든 사람들이 물에 넣어 마시면 과일의 맛이 은은하게 퍼져서 수분 공급에 도움을 줍니다. 간식으로 먹는다면 딸기, 바나나, 자몽, 사과, 키위 등이 좋고 파인애플도 새콤달콤한 맛이 매력적입니다. 식품 건조기를 사용하면 영양 손실 없이 말릴 수 있습니다. 손질한 과일을 트레이에 0.5~1cm 간격으로 올리고 시간을 조절한 뒤 말리면 됩니다.

그 외의 재료

유제품과 소스

음료를 완성했는데 무언가 2% 부족한 맛이 느껴질 때, 부족함을 채워줄 수 있는 재료들입니다. 없어도 될 것 같지만 조금만 넣어도 맛이 달라지고 완벽해질 수 있습니다.

초콜릿소스

초콜릿소스는 휘핑이나 우유거품 위에 드리즐로 사용하거나 에스프레소에 녹여 카페모카를 만듭니다. 따뜻한 우유에 녹이면 간단하게 핫초코를 만들 수도 있습니다. 다크초콜릿소스는 초콜릿의 진한 맛이 느껴지고 밀크초콜릿소스는 단맛이 더 강합니다.

탄산수

정제수에 탄산가스를 주입하여 만든 물입니다. 칼로리가 없어서 물 대신 마셔도 좋습니다. 청량하고 깔끔하여 한 모금만 마셔도 톡톡 튀는 시원함을 느낄 수 있습니다. 에이드, 커피, 차, 스무디 등을 만들 때 활용합니다.

판초콜릿

코코아메스와 설탕을 주원료로 만든 판형의 고체 초콜릿입니다. 주로 베이킹에 사용하지만 달콤하고 잘 녹는 성질이 있어서 중탕하여 초콜릿라테 베이스로 사용하기도 합니다. 초콜릿 입자를 살려 글레이터에 갈아서 장식으로 활용하기도 합니다. 카카오 함량이 높은 다크초콜릿은 쓴맛이 강하기 때문에 밀크초콜릿이나 카카오 70% 제품을 사용하면 적당한 단맛을 느낄 수 있습니다.

아이스크림

나이와 상관없이 누구나 좋아하는 아이스크림은 아포가토, 아이스크림라테, 팥빙수 등에 사용합니다. 그 자체만으로도 훌륭한 디저트입니다.

우유

고소한 풍미를 가진 하얀색의 액체입니다. 커피를 만들 때 자주 사용하는데, 에스프레소에 우유만 넣어도 고소

판초콜릿
1895
KUVERTÜRE COUVERTURE
ZART-BITTER
55% COCOA
SINGHA SODA WATER
탄산수
초콜릿소스
La Sauce de MONIN
Dark Chocolate
Sauce Chocolat Noir
500 ml
아이스크림
Häagen-Dazs
VANILLA
설탕
매일생크림
생크림
Pauls
Pure Milk
Lait entier
Rich and creamy
Full cream taste
100% Australian Milk
1 LITRE
우유
Maple Syrup
Sirop d'érable
Canada
Grade A / Catégorie A
메이플시럽
서울연유
연유

한 커피를 만들 수 있습니다. 부드럽게 거품을 내어 라테 아트를 만들 수도 있고 녹차나 홍차와도 잘 어울립니다.

설탕

설탕은 단맛을 내는 재료로 달콤하고 물에 잘 녹아서 각종 시럽이나 과일청을 만들 때 사용합니다. 단맛만 내는 것이 아니며 신맛이나 쓴맛을 줄이는 것도 도와줍니다.

생크림

유크림이 18% 이상 함유된 순수 동물성 생크림은 우유 맛이 강하여 휘핑크림과 달리 느끼하지 않고 부드럽습니다. 동물성 생크림은 무가당이라서 설탕을 가감하여 사용하고 달콤한 캐러멜소스나 초콜릿시럽을 만들 때도 사용합니다. 진한 에스프레소나 카페라테 등의 커피에 올리거나 디저트나 파스타 등에도 다양하게 사용합니다.

연유

우유와 설탕을 농축시켜 만든 것으로 설탕보다 부드러운 맛을 느낄 수 있습니다. 돌체라테나 베트남커피, 빙수 등에 사용됩니다. 우유보다 유통기한이 길어 보관하기가 편합니다.

메이플시럽

단풍나무의 수액에서 채취하여 만든 시럽으로 설탕의 대체품으로 사용하기 좋습니다. 노릇하게 구운 빵에 아이스크림과 메이플시럽을 곁들이기도 하고 따뜻한 우유에 메이플시럽만 넣어서 먹어도 맛있답니다.

설탕과 시럽

음료를 만들 때 빼놓을 수 없는 필수 재료입니다. 텁텁한 맛, 씁쓸한 맛은 가리고 단맛은 더해주어서 커피, 차, 과일 음료 어디에나 사용합니다. 결정화된 설탕은 1g에 4kcal 정도이며 열량을 낮춘 제품도 있습니다. 시럽은 설탕을 녹여서 액체화한 가공설탕입니다. 물과 향을 더해 집에서도 간단하게 만들 수 있으며 주로 바닐라빈, 시나몬스틱, 과일 등을 활용합니다. 설탕과 시럽은 단맛이 강하고 열량이 높으므로 과잉 섭취를 주의하세요. 하루에 25~30g 정도가 적당합니다.

설탕

가장 일반적인 설탕으로 당도가 높습니다. 사탕수수를 착즙하여 열을 가하면 수분이 증발하여 정제된 순수한 결정이 나타나는데 그것이 설탕입니다. 흰색을 띠며 입자가 고와서 물에 잘 녹고 잡미가 없으며 담백한 단맛을 내어 커피와 음료를 만들 때 사용하면 음료의 맛을 해치지 않고 풍미를 올려줍니다. 음료 베이스를 만들 때 사용하면 색도 곱게 나타나고 과일청을 만들 때 사용하면 투명하고 예쁜 색을 낼 수 있습니다.

흑설탕

정제된 설탕에 열을 가해 어두운 색을 낸 설탕입니다. 열이 가해지면서 원당 속 향이 살아나며 맛은 설탕과 큰 차이가 없습니다. 캐러멜시럽, 메이플시럽, 매실청 등 어두운 색을 내는 가공품에 사용하세요.

설탕시럽

다른 재료를 첨가하지 않고 물과 설탕을 넣고 끓여낸 시럽입니다. 아메리카노의 진한 맛이 부담스럽다면 설탕시럽을 추가하면 좋습니다. 설탕으로 만들면 맑은 시럽을, 갈색설탕이나 흑설탕으로 만들면 진한 색의 시럽을 만들 수 있습니다.

얼음

차가운 음료를 만들 때는 얼음이 무척 중요합니다. 단단한 얼음은 천천히 녹아서 다른 재료까지 시원하게 만들어주며 음료가 미지근해지고 밍밍해지는 것을 방지합니다. 불투명하고 금이 간 듯한 얼음보다는 물을 한 번 끓여서 얼린, 투명하게 만든 얼음을 사용하면 음료도 더 맑고 맛있어 보여요.

미니 조각 얼음

음료가 얼음 사이로 스며드는 마블링라테를 만들거나 입구가 좁은 보틀에 담을 때 사용하기 좋은 얼음입니다. 제빙기를 사용해 만들거나 편의점에서 구입할 수 있습니다.

보석 얼음

보석 모양의 틀을 사용해 만든 얼음으로 틀을 구입해 직접 만들어야 합니다. 에이드나 과일차를 만들 때 사용하면 더 예뻐보입니다. 색을 넣으면 보석 모양이 더 두드러집니다.

원형 얼음

지름 3cm 정도의 동글동글한 원형 얼음은 귀여운 모양이라 얼음을 강조하고 싶은 과일, 차 음료에 잘 어울립니다. 시판 얼음틀로 쉽게 만들 수 있습니다.

정사각형 얼음

정사각형 얼음은 크기가 다양하고 주로 커피를 만들 때 사용합니다. 정사각형 얼음틀을 사용하면 간단하게 만들 수 있습니다. 편의점이나 마트에서도 쉽게 구할 수 있어요.

미니 사각 얼음

미니 조각 얼음과 함께 아이스커피에 가장 많이 사용합니다. 큰 얼음보다 먹기도 편하고 치아에 자극도 덜합니다. 50칸 정도 있는 얼음틀을 사용하면 됩니다.

큰 원형 얼음

공 모양의 큰 원형 얼음은 천천히 녹아서 한두 개만 사용해도 다 마실 때까지 시원한 온도를 유지할 수 있습니다. 동그란 트레이에 물을 가득 붓고 뚜껑을 닫으면 트레이 중간에 물줄기를 뿜을 거예요. 물이 가득 차 있어야 공 모양의 얼음을 만들 수 있습니다.

미니 조각 얼음
미니 사각 얼음
보석 얼음
원형 얼음
정사각형 얼음
큰 원형 얼음

2_ 도구 알아보기

처음부터 많은 도구를 준비할 필요는 없지만 갖춰두면 편리한 도구들을 소개합니다. 얼음을 손으로 담으면 위생상 좋지 않고 손의 온도 때문에 얼음이 빨리 녹아서 지저분해집니다. 하지만 얼음 집게가 있다면 깔끔하게 얼음을 담을 수 있지요. 커피 머신, 유리잔 등 다양한 도구의 용도를 정확하게 파악한 다음 음료 만들기에 도전해보세요. 메뉴의 완성도를 높일 수 있습니다.

커피 추출 도구

커피를 추출하기 위해서 에스프레소 머신, 드리퍼, 모카포트, 캡슐 머신 등 다양한 도구를 사용합니다. 각각의 특징을 익히고 자신에게 맞는 제품으로 크레마와 원두의 풍미를 즐겨보세요.

가정용 커피 머신

에스프레소를 내릴 수 있는 가정용 커피 머신은 필수 도구입니다. 그라인더가 함께 있는 제품부터 별도로 구매해야 하는 제품까지, 종류가 다양합니다. 반자동 머신은 원두의 특성을 파악하여 굵기와 양을 조절해 커피를 내릴 수 있다는 장점이 있지만 관리가 번거롭습니다. 자동 머신과 캡슐 머신은 간편하지만 커피의 중요한 요소인 원두의 양, 탬핑의 강도, 추출 압력을 조절하지 못해 커피의 깊은 향을 만나기 어렵습니다. 매일 커피를 한두 잔 이상 마신다면 커피 머신을 추천합니다.

모카포트

저렴한 가격에 훌륭한 커피 맛을 내는 모카포트는 크기가 다양해서 활용하기가 좋습니다. 스팀 압력으로 커피를 추출해 크레마 층은 얇지만 단시간에 에스프레소를 추출합니다. 원두와 물을 담는 부분과 에스프레소가 추출되는 부분이 나뉘어 있지만 일체형입니다. 1인용은 적은 양을 추출할 때 사용하며 공간을 차지하지 않아 보관도 편합니다. 2~3인용은 손님이 왔을 때 사용하기 좋습니다. 6인용은 한 번에 많은 양을 추출하지만 다른 크기의 모카포트에 비해 묽고 연하게 추출됩니다.

드리퍼

드립커피를 만들 때는 드립서버, 드리퍼, 드립포터, 그리고 여과지가 필요합니다. 부피가 크지 않아 야외에서도 커피를 쉽게 즐길 수 있습니다. 여과지에 원두를 담은 뒤 90~100℃의 물을 부어가며 원두를 골고루 적셔주어야 맛이 고릅니다. 물을 부을 때는 여과지에 물이 닿지 않도록 나선형을 그리며 원두를 적셔줍니다. 드립커피는 콜드브루처럼 물과 희석해서 마셔도 좋습니다.

캡슐 머신

1회용 캡슐을 기기에 장착하여 간편하게 에스프레소를 내릴 수 있습니다. 커피를 분쇄하거나 탬핑하는 과정이 없고 사용법도 어렵지 않습니다. 캡슐에 따라 다양한 맛을 선택할 수 있으며 에스프레소를 추출하는 시간이 짧은 것이 장점입니다. 하지만 브랜드 전용 캡슐만을 사용해야 하며 압력이 낮아 음료를 만들 때 마블링, 층 분리 등의 효과를 내기 어렵습니다.

그 외의 도구

다양한 메뉴를 편리하게 만들 수 있는 도구들이 있습니다. 각 도구의 사용법을 제대로 익혀두면 음료를 더 빨리, 전문가처럼 만들 수 있습니다. 각각의 쓰임새를 알아보고 자신에게 필요한 도구가 무엇인지 파악해봅니다.

얼음 집게

얼음을 옮길 때 사용하는 도구입니다. 얼음 스쿱을 사용하기도 합니다. 큰 얼음이나 동그란 얼음을 사용할 때 집게로 옮기면 미끄러지지 않고 편리합니다. 얼음 집게는 보통 스테인리스 스틸 소재지만 플라스틱이나 나무 소재도 있습니다. 미끄럼 방지를 위해 톱날 모양이 있는 집게를 사용하면 더 편리합니다.

차선

물과 차가 잘 섞이도록 만들어주는 도구입니다. 물에 가루차를 넣고 차선으로 잘 저어서 사용하며 주로 대나무로 만듭니다. 대나무가 쪼개진 수에 따라 80본, 100본, 120본 등으로 나뉩니다.

차시

녹차파우더나 말차 같은 가루차를 뜨는 도구입니다. 한 번에 먹을 만큼의 양을 덜어주며 금속 등 다양한 소재가 있지만 나무로 만든 차시를 많이 사용합니다.

스트레이너

차를 우릴 때 찻잎을 걸러주는 역할을 합니다. 대나무로 만든 스트레이너는 물에 강하고 건조가 빠르며 분위기 있는 티타임을 만들어줍니다. 작은 것은 50mm 크기로 유리잔에 바로 우려낼 수 있고 큰 것은 85mm 크기로 티포트나 넓은 유리그릇에 걸쳐놓고 차를 우리면 됩니다. 사용한 다음에는 물에 가볍게 씻고 통풍이 잘 되는 장소에서 말려주면 됩니다.

계량스푼

재료를 측정할 때 사용하는 도구입니다. 흔히 스테인리스 스틸로 만들지만 실리콘이나 플라스틱 계량스푼도 있습니다. 1.25ml, 2.5ml, 5ml, 7.5ml, 15ml 등 다양한 크기가 있습니다. 큰술은 테이블스푼을 의미하며 1큰술은 15ml 정도입니다. 작은술은 티스푼으로 1작은술은 5ml 정도입니다.

탬퍼

탬퍼는 포터필터에 원두를 담은 뒤 수평을 맞출 때 사용하는 도구로 스테인리스 스틸, 나무, 플라스틱 등으로 만듭니다. 일반적으로는 50~52mm 크기의 탬퍼를 사용합니다. 원두 스푼으로도 활용할 수 있는 플라스틱 탬퍼도 있습니다. 탬핑의 강도에 따라 에스프레소의 맛과 커피의 양이 달라지기 때문에 탬퍼의 선택도 무척 중요합니다.

머들러

음료를 마시기 전에 섞어주는 도구입니다. 재질은 스테인리스 스틸, 플라스틱, 실리콘 등 다양하고 길이는 18~23cm 정도입니다. 금색 머들러를 잔에 꽂으면 고급스러운 분위기를 느낄 수 있습니다. 사용한 다음에는 바로 세척한 뒤 물기를 제거해주세요.

얼음 집게
차시
계량스푼
차선
머들러
탬퍼
스트레이너
밀크팬
핸드드립 주전자
체
미니 전동거품기
핸드밀·그라인더

밀크팬

시럽, 음료 베이스, 물을 끓일 때 사용합니다. 밀크팬은 500~1000ml 정도 크기가 일반적입니다. 시럽을 소량씩 만들거나 우유를 데울 때도 사용합니다. 스테인리스 스틸이나 법랑 소재는 베이킹소다나 식초를 넣고 살짝 끓인 뒤 깨끗한 물로 세척해서 사용하면 됩니다.

체

거품 위에 파우더를 뿌릴 때 체를 이용하면 눈이 내리듯 일정하게 파우더를 뿌릴 수 있습니다. 체는 11cm 정도로 한 손에 쏙 들어오는 크기가 좋습니다. 망이 촘촘해야 가루를 잘 걸러내고 입자가 부드럽습니다. 적당한 양을 담고 조절해서 뿌려보세요.

미니 전동거품기

미니 전동거품기의 길이는 20cm 정도입니다. 손잡이 부분에 on/off 버튼이 있어서 거품을 낼 때 누르고 있지 않아도 됩니다. 작은 크기라 적은 양의 휘핑크림이나 우유거품을 만들 때 사용합니다. 파우더를 섞거나 달걀을 풀 때도 간단하게 사용할 수 있습니다.

핸드드립 주전자

핸드드립용 주전자는 350~500ml 정도 용량이 일반적입니다. 노즐이 부드러운 곡선을 이루며 물이 가늘고 섬세하게 나와서 드립커피를 내릴 때 좋습니다. 세척할 때는 부드러운 수세미로 표면과 안쪽을 닦아낸 뒤 노즐을 헹구고 거품이 나오지 않을 때까지 노즐로 물줄기를 흘려보냅니다.

핸드밀·그라인더

그라인더를 구입하는 것이 부담스럽다면 핸드밀을 추천합니다. 에스프레소를 내리기 전에 원두를 잘 갈아서 사용하면 더 깊은 향을 느낄 수 있습니다. 핸드밀을 사용할 때는 필요한 원두의 굵기를 확인하고 입자의 상태를 보면서 갈아야 합니다. 고풍스럽고 빈티지한 느낌이라 인테리어 효과까지 더해줍니다. 가급적 쇠로 된 부분에는 물이 닿지 않도록 하고 사용한 다음에는 남은 원두를 솔로 털어내고 휴지로 원두의 기름기를 깔끔하게 제거합니다.

블렌더

재료를 분쇄하거나 과일과 얼음을 부드럽게 갈거나 얼음을 잘게 부술 때 등 다양하게 사용합니다. 부드러운 과일과 채소를 간다면 소형도 적당하지만 얼음을 갈 때는 크기가 크고 강약 조절이 가능하며 칼날이 날카로운 블렌더를 사용하는 것이 좋습니다. 사용한 다음에는 수세미로 칼날 부분까지 꼼꼼하게 닦아내야 합니다.

유리잔

유리잔은 음료를 돋보이게 해주는 역할을 합니다. 선이 예쁜 유리잔이나 길쭉한 유리잔 등 음료에 어울리는 잔을 사용하면 음료를 색다르게 표현해줍니다. 유리잔의 역할은 차가운 음료를 만들 때 더 중요합니다. 유리는 음료의 색을 표현해주면서 시원함을 배가시키기 때문에 적절한 잔의 사용이 무엇보다 중요합니다. 먼저 잔을 선택한 뒤 얼음을 고르고 음료를 담는 순서로 진행해 보세요.

1 사선 글라스
투명한 잔에 사선으로 모자이크 효과를 주어 신비로운 느낌을 더합니다.

2 세모 칵테일잔
립이 얇은 디자인으로 소금이나 설탕을 살짝 묻혀 칵테일 잔으로 사용합니다. 심플하고 모던한 선을 가진 잔입니다.

3 마운틴 글라스
산이 떠오르는 독특한 모양의 잔입니다. 립 부분에 초콜릿을 녹여 연출하면 산의 느낌을 제대로 살릴 수 있습니다.

4 와인잔
손잡이 부분이 얇고 길쭉해서 음료를 담으면 분위기가 있습니다.

5 물방울 유리잔
길쭉한 잔으로 음료는 많이 들어가지 않지만 스파클링 음료를 담으면 돋보입니다.

6 일자형 유리잔
맥주, 주스, 물을 담는 용도로 다양하게 사용할 수 있는 심플한 잔입니다.

7 티컵
적은 양의 음료를 담는 잔입니다. 음료 베이스나 시럽 등을 담아 음료와 함께 내놓기에 좋습니다.

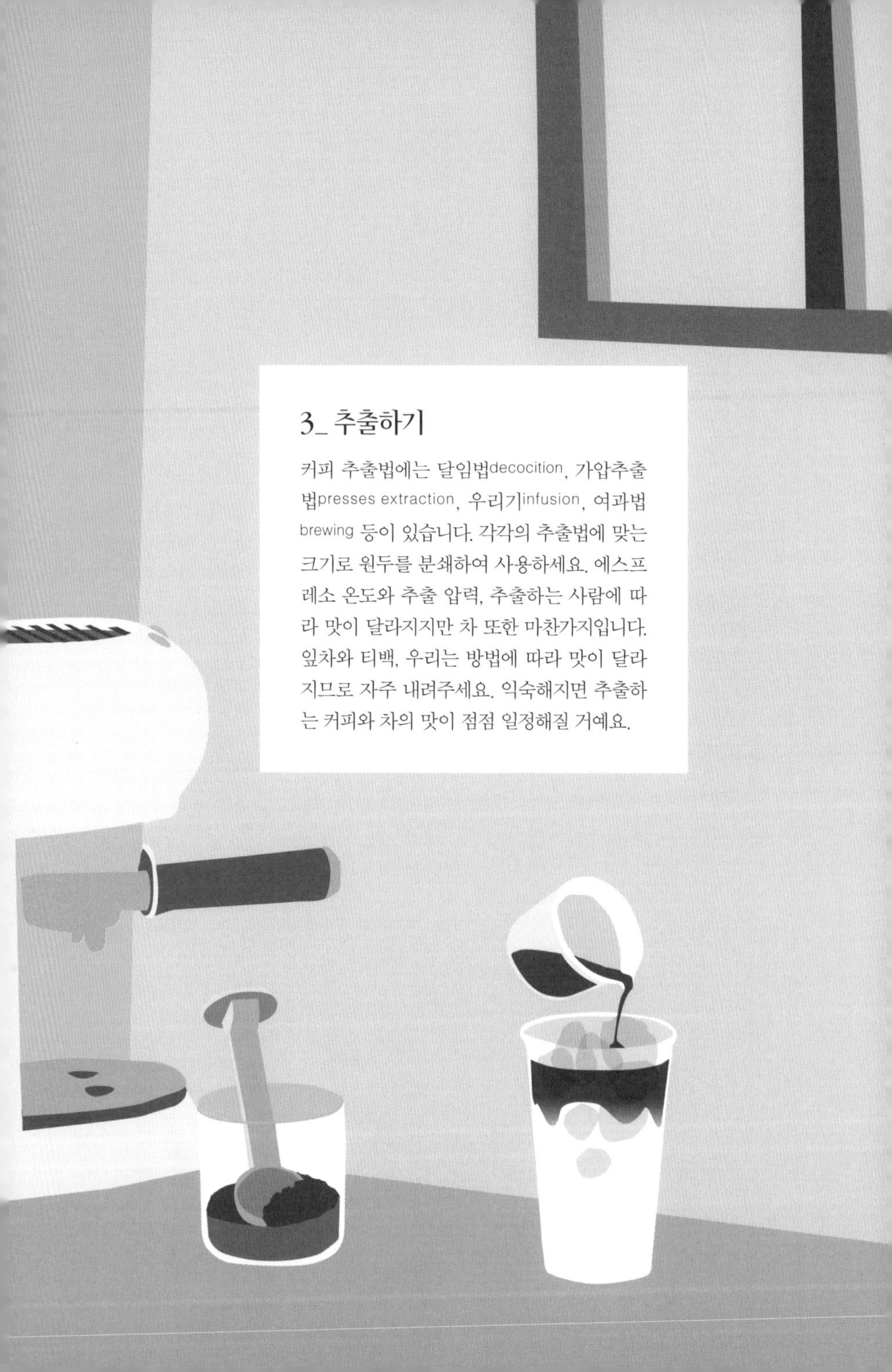

3_ 추출하기

커피 추출법에는 달임법decocition, 가압추출법presses extraction, 우리기infusion, 여과법brewing 등이 있습니다. 각각의 추출법에 맞는 크기로 원두를 분쇄하여 사용하세요. 에스프레소 온도와 추출 압력, 추출하는 사람에 따라 맛이 달라지지만 차 또한 마찬가지입니다. 잎차와 티백, 우리는 방법에 따라 맛이 달라지므로 자주 내려주세요. 익숙해지면 추출하는 커피와 차의 맛이 점점 일정해질 거예요.

콜드브루

재료

콜드브루 필터백 1개(원두 35g)
물 1L

원두에 열을 가하지 않고 찬물에 오랜 시간 우려내는 콜드브루는 일반 커피보다 산미가 강하지 않아서 부드럽고 카페인 함량이 적습니다. 밀폐되는 물병이나 그릇에 콜드브루 필터백이나 원두를 넣은 뒤 냉침하면 됩니다.

Tip 콜드브루 필터백이 없을 때는 직접 만들어서 사용해도 됩니다

핸드드립용 원두보다 가늘게 갈아서 다시백에 35g을 넣은 뒤 밀봉해서 사용하세요.

1 밀폐용기 또는 뚜껑이 있는 병에 콜드브루 필터백을 넣습니다.

2 차가운 물을 붓습니다.

3 24시간 정도 냉침합니다. 완성된 콜드브루는 필터백을 건진 뒤 냉장 보관하고 3~4일 안에 마십니다.

에스프레소

재료
원두 18g

에스프레소의 맛은 정확하게 표현하기가 어렵습니다. 추출하는 사람, 추출 압력, 온도와 원두의 종류에 따라 맛이 천차만별이기 때문입니다. 신선한 원두를 사용하고 최적의 조건을 갖춘다면 원두의 맛을 최대한 뽑아낼 수 있습니다. 산미가 강한 원두라면 산미가 돋보이고, 고소하고 바디감이 풍부한 원두라면 우유와 어우러졌을 때 풍부한 에스프레소의 맛을 뽐냅니다.

1

원두를 그라인더에 넣고 에스프레소 굵기로 분쇄하세요.

* 원두 입자가 너무 크면 물이 쉽게 통과하여 에스프레소가 수돗물 나오듯 콸콸 추출됩니다. 핸드밀이나 전자동 그라인더가 있다면 원두를 에스프레소용으로 분쇄하고 분쇄 기구가 없다면 분쇄된 원두를 사용하면 됩니다. 최근에 로스팅한 신선한 원두를 사용하세요.

2

포터필터에 원두를 담습니다. 원두를 가득 담으면 산처럼 쌓인 모양이 됩니다. 손으로 살짝 눌러준 뒤 주변의 원두가루를 정리해주세요. 탬퍼로 포터필터를 치지 말고 손으로 정리한 뒤 수평이 되도록 눌러줍니다.

3

포터필터를 머신에 장착한 뒤 버튼을 누르고 25초 정도 추출합니다.

4

짧은 시간에 추출하면 원두 사이로 물이 제대로 통과하지 않기 때문에 크레마는 물론 에스프레소의 맛을 잘 느낄 수 없습니다. 30초 이상 추출하면 텁텁하고 쓴맛이 납니다.

모카포트

재료
원두 15g
물 70~80ml

모카포트는 에스프레소 머신이 없어도 커피를 내릴 수 있을 뿐만 아니라 옅은 크레마와 연한 맛의 에스프레소까지 즐길 수 있는 도구입니다. 모카포트로 에스프레소를 추출하면 에스프레소 특유의 진한 향과 맛은 부족하지만 추출하는 동안 집 전체에 은은한 커피향을 풍깁니다.

1

모카포트 보일러 부분에 찬물을 채워주세요.

2

바스켓을 받친 뒤 원두가 넘치지 않을 정도로 담아주세요. 원두를 탬퍼로 꾹꾹 누르지 말고 수평을 맞춘 다음 원두 윗부분을 평평하게 정리해주세요.

3

컨테이너를 꽉 끼우고 중불로 3분 정도 가열합니다.

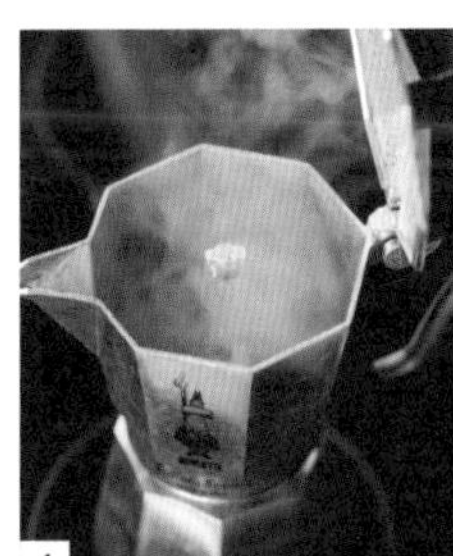

4

추출구 부분에서 보글보글 커피가 차오르고 치익 소리가 나면 불을 꺼주세요.

잎차

재료
잎차 5g
물 400ml

잎차는 잎의 형태를 그대로 유지하고 있어서 바싹 마른 잎차를 뜨거운 물에 우려주면 잎의 모양이 다시 살아납니다. 인퓨저나 티포트에 찻잎을 넣고 우린 뒤 스트레이너로 걸러서 마십니다. 차갑게 마시고 싶다면 진하게 잎차를 우린 뒤 얼음이 담긴 잔에 부어주면 됩니다. 얼음을 넣어도 향과 맛이 연해지지 않습니다.

1

물을 끓인 뒤 티포트나 큰 볼에 부어주세요.

2

찻잎을 넣고 3~5분 정도 우려주세요.

3

잔 위에 스트레이너를 받치고 우려낸 차를 부어주세요.

말차

재료
말차 2~3g
물 40ml

가루차는 입자가 고운 가루를 풀어서 마시는 차입니다. 가루차의 종류인 말차를 곱게 풀기 위해서는 차선이 필요합니다. 차선으로 가루를 풀어주면 부드러운 맛과 함께 선명하고 진한 향까지 느낄 수 있습니다. 물에 곱게 갈아서 마셔도 좋고 요구르트나 우유에 넣어 색다른 맛을 즐겨도 좋습니다.

Tip 물이나 우유와 함께 즐겨요

말차를 부드럽게 푼 뒤 물을 120ml 정도 더 부어줍니다. 그대로 마셔도 좋고 여기에 우유를 180~200ml 정도 더하면 말차라테가 됩니다.

1 말차를 볼에 넣어주세요.

2 물을 끓인 뒤 부어주세요.

3 차선을 돌리며 말차를 살살 풀어주세요.

4_ 홈메이드 과일청과 시럽

제철 과일로 과일청을 만들어두면 달콤한 에이드나 과일차를 사계절 내내 즐길 수 있습니다. 시럽은 음료의 풍미를 더해주는 중요한 재료입니다. 시판 시럽은 향이 강해서 거부감이 들지만 홈메이드 시럽은 향은 강하지 않고 재료의 향이 은은하게 배어 훨씬 건강하고 고급스럽습니다.

과일청

수제 과일청은 간단하게 만들 수 있습니다. 냉동 과일로도 과일청을 만들 수 있지만 신선한 과일에서 나오는 과즙의 맛을 따라올 수는 없지요. 집에서 만들 때는 첨가물을 넣지 않기 때문에 장기간 보관해야 한다면 설탕을 더 넣어줍니다. 과일청은 나무나 플라스틱 숟가락으로 덜어서 사용해야 곰팡이가 피는 것을 막을 수 있어요. 보통 한 달에서 6개월 정도 보관하여 먹을 수 있습니다. 과일청은 차, 에이드, 요구르트 토핑, 소스 등에 다양하게 활용됩니다.

유자청

재료

유자 5개(240g)
설탕 250g
올리고당 50g

유자는 껍질과 과육을 모두 사용해서 매력적인 향과 달콤한 맛을 함께 담을 수 있습니다. 껍질도 사용하기 때문에 3단계로 꼼꼼하게 세척해주세요. 유자청은 오래 보관할 수 있도록 과육보다 설탕을 더 넣는 것이 좋습니다. 겨울에는 따뜻하게 유자차로 여름에는 얼음을 넣고 유자에이드로 즐기면 됩니다.

1

물에 베이킹파우더를 1큰술 넣고 유자 표면을 문지르듯 씻어주세요.

2

굵은 소금으로 유자 표면을 문지르듯 닦고 뜨거운 물에 유자를 넣고 2분 정도 두세요.

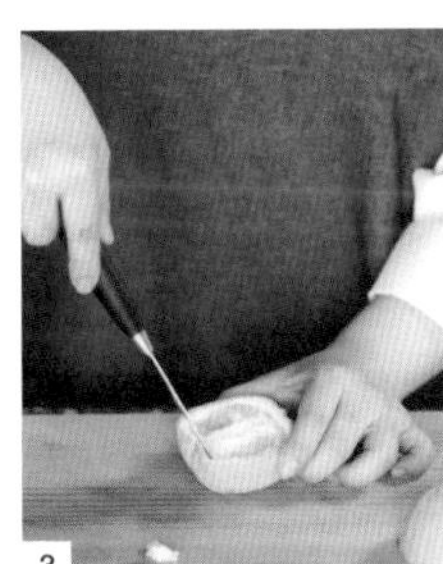

3

깨끗하게 세척한 유자의 물기를 닦고 껍질과 과육을 분리한 뒤 큼지막한 씨를 모두 제거해주세요.

4

껍질은 얇게 채 쳐서 준비해주세요.

5

과육은 얇게 잘라주세요. 씨는 빼주세요.

6

과육을 볼에 담고 설탕을 넣어 섞어주세요.

7

올리고당을 넣고 섞어주세요.

8

밀폐용기에 유자청을 담아주세요. 하루 정도 실온에서 보관한 뒤 냉장 보관해주세요.

파인애플청
사과청
레몬청
자몽청
유자청
딸기청

파인애플청

재료

파인애플 과육 330g
설탕 150g
레몬즙 1큰술

숙성이 잘된 노란색 파인애플을 사용하면 자체의 단맛이 진해서 설탕을 적게 넣어도 충분히 달콤합니다. 설탕이 적게 들어가면 오래 보관할 수 없다는 단점이 있지만 과일과 같은 양의 설탕을 넣으면 파인애플의 맛이 설탕의 단맛에 묻혀버립니다.

만드는 법

[1] 파인애플을 작은 크기로 깍두썰기 해주세요.

[2] 볼에 파인애플과 설탕을 넣고 섞어주세요.

[3] 밀폐용기에 파인애플을 담아주세요.

[4] 용기 윗부분에 약간 여유를 주고 레몬즙을 뿌려주세요.
* 실온에서 3일 정도 보관한 뒤 드시면 됩니다. 7~15일 사이에 먹는 것이 좋습니다.

사과청

재료

아기사과(알프스오토메) 10개(450g)
설탕 450g

아기사과(알프스오토메)는 일반 사과에 비해 비타민이 열 배나 더 많습니다. 크기는 작지만 일반 사과만큼의 단맛도 머금고 있어요. 하지만 알프스오토메 특유의 떫은맛이 있어서 청으로 만들었습니다. 홍차에 사과청을 넣으면 은은한 향이 잘 어우러집니다.

만드는 법

[1] 사과를 씻은 뒤 파여 있는 꼭지 부분까지 작은 솔로 꼼꼼하게 세척해주세요.

[2] 사과를 반으로 잘라 씨 부분을 제거하고 반달 모양으로 얇게 잘라주세요.

[3] 사과와 설탕 440g을 버무려서 설탕을 녹여주세요.

[4] 사과와 설탕을 용기에 담은 뒤 윗부분을 설탕 10g으로 덮어주세요.
* 실온에서 2~3일 정도 숙성시켜주세요.

레몬청

재료

레몬 3개(320g)
설탕 220g
올리고당 100g

레몬청으로 만든 새콤달콤한 레모네이드는 여름철 갈증 해소에 좋습니다. 레몬 씨를 완전히 제거하지 않고 과일청을 만들면 쓴맛 때문에 새콤달콤한 맛이 묻혀버립니다. 레몬을 손질할 때 씨를 꼼꼼하게 제거해주세요.

만드는 법

[1] 베이킹소다를 물에 풀고 레몬을 뽀득뽀득 문지르듯 씻어주세요.

[2] 꼭지 부분을 잘라서 제거하고 씨도 전부 제거해주세요.

[3] 레몬을 슬라이스로 얇게 잘라주세요.

[4] 밀폐 유리병에 설탕을 먼저 넣고 레몬과 설탕을 차곡차곡 쌓아주듯이 넣은 뒤 올리고당을 반 정도 넣고 마지막에 나머지 반을 넣어주세요.

[5] 실온에 두고 설탕이 녹은 것을 확인하세요. 아래에 있는 설탕이 잘 녹지 않을 수 있으니 젓가락으로 한 번씩 섞어주세요.

* 실온에서 7일 정도 숙성시키고 설탕이 다 녹으면 드세요.

자몽청

재료

자몽 2개(350g)
설탕 350g

자몽은 쌉싸름한 맛이 매력적인 과일입니다. 그 쌉싸름한 맛을 넣고 싶다면 껍질째 슬라이스로 잘라서 사용하고 쌉싸름한 맛을 빼고 싶다면 과육만 발라낸 뒤 청을 만들면 됩니다. 몸을 따뜻하게 해주는 자몽차를 만들거나 자몽스무디, 자몽빙수를 만들 때 연유 대신 사용해도 좋아요.

만드는 법

[1] 자몽 껍질을 벗기고 과육 사이에 칼을 넣어 과육을 발라내세요.

[2] 볼에 자몽 과육, 설탕 340g을 넣고 섞어주세요.

[3] 병에 자몽과 설탕을 담은 뒤 마지막에 설탕 10g으로 덮어주세요.

* 실온에서 7일 정도 숙성한 다음 드시면 됩니다.

딸기청

재료

딸기 13~14개(230g)
설탕 270g

딸기청은 특별하지는 않지만 확실하게 맛이 보장되는 과일청이에요. 딸기청은 딸기를 슬라이스하거나 꼭지만 제거해서 사용하거나 반으로 잘라서 사용하는 등 다양한 방법으로 손질하여 만들면 됩니다. 꼭지만 제거하여 청을 만들면 딸기라테를 만들 때 과육의 식감도 살아나고 더 맛있어집니다.

만드는 법

[1] 딸기는 꼭지를 제거한 뒤 베이킹소다로 깨끗하게 세척해주세요. 딸기는 쉽게 무르기 때문에 조심해서 한 알씩 꼼꼼하게 씻어주세요.

[2] 키친타월로 딸기의 물기를 닦아주세요.

[3] 딸기를 반으로 자른 뒤 볼에 넣고 설탕을 넣어 섞어주세요.
＊설탕의 양을 줄이고 싶다면 레몬즙을 조금 넣어주세요. 곰팡이가 생기는 걸 방지할 수 있어요. 오래 보관해야 한다면 과일의 양만큼 설탕을 넣거나 설탕의 비율을 늘려야 됩니다.

[4] 밀폐용기에 딸기와 설탕을 담아주세요.
＊설탕이 녹으면 냉장고에서 보관하세요.

시럽

집에서 시럽을 만들면 설탕에 다양한 부재료를 첨가해 향을 더할 수 있다는 것이 장점입니다. 과즙, 커피, 차, 향신료 등 기호에 맞는 재료를 더해 나만의 시럽을 만들 수 있지요. 또한 사용하는 설탕에 따라 시럽의 풍미가 달라집니다. 입자가 곱고 잘 녹는 자일로스 같은 백설탕은 기본 설탕시럽이나 바닐라시럽 같은 투명한 색의 시럽을 만들 때 사용하고, 황설탕과 흑설탕 등 향과 색이 진한 설탕은 시나몬시럽이나 얼그레이시럽처럼 진한 색깔의 시럽을 만들 때 사용하면 적당합니다.

얼그레이시럽

재료

얼그레이 30g
물 300ml
설탕 200g

얼그레이시럽만 있으면 간단하게 밀크티를 만들 수 있습니다. 팬케이크에 메이플시럽 대신 사용해도 좋아요. 은은한 향과 달콤한 맛이 특징이지요. 얼그레이시럽은 얼그레이를 진하게 우려내서 설탕과 함께 끓여서 만들고 한 달 정도 보관이 가능합니다.

만드는 법

[1] 냄비에 물을 넣고 끓인 뒤 불을 끄고 얼그레이 20g을 넣고 5분 정도 우려주세요.

[2] 스트레이너로 찻잎을 거른 뒤 냄비에 찻물을 다시 부어주세요.

[3] 찻물과 설탕을 함께 끓여주세요. 이때 설탕은 젓지 말고 가열하면서 녹여주세요.
* 설탕은 취향에 따라 50g 정도 추가해도 됩니다.

[4] 시럽이 끓으면 불을 끄고 얼그레이 10g을 넣은 뒤 2시간 정도 우려주세요.

[5] 한 김 식힌 뒤 체에 걸러 밀폐용기에 담아주세요. 실온에서 하루 정도 숙성한 뒤 냉장 보관 또는 서늘한 곳에 실온 보관해주세요.

바닐라시럽

재료
바닐라빈 1개(2g)
물 300ml
설탕 300g

바닐라라테를 만들 때 가장 중요한 시럽입니다. 바닐라빈은 다른 재료의 비릿한 향과 맛을 잡아줍니다. 마다가스카르산 바닐라빈을 사용해 인공적인 향이 없는 달콤한 바닐라시럽을 만들어보세요. 홈메이드 시럽은 15~30일 정도 두고 먹을 수 있습니다.

1

통통한 바닐라빈을 반으로 가르고 속을 긁어내듯 씨를 발라주세요.

2

냄비에 물을 붓고 끓으면 설탕을 넣어주세요.

3

설탕이 다 녹았으면 바닐라빈 씨와 껍질을 넣은 뒤 약불에서 5분 정도 졸여주세요.

4

한 김 식힌 뒤 밀폐용기에 넣고 3일 정도 숙성시킨 다음 냉장 보관 또는 서늘한 곳에 실온보관해 주세요.

시나몬시럽

재료

시나몬스틱 1개
물 300ml
설탕 250g
꿀 45ml

시나몬은 향이 강하지만 시럽으로 만들어두면 유용하게 사용할 수 있습니다. 고소한 맛의 플랫화이트에 시나몬시럽을 넣어보세요. 상쾌하고 감미로운 향기를 느낄 수 있으며 매운맛은 전혀 없습니다. 시나몬시럽을 만들 때는 바짝 마른 상태의 시나몬스틱을 사용하고 취향에 따라 시나몬스틱의 양을 가감합니다.

만드는 법

[1] 냄비에 물과 설탕을 1:1 비율로 넣고 시나몬스틱을 넣고 끓여주세요.

[2] 물이 끓으면 꿀을 넣어주세요.

[3] 물이 끓으면 거품을 걷어내고 불을 꺼주세요.

[4] 한 김 식힌 뒤 밀폐용기에 시럽과 시나몬스틱을 함께 넣고 3일 정도 실온에서 숙성한 뒤 냉장 보관 또는 서늘한 곳에 실온 보관해주세요.

BONUS_ 카페 스타일로 장식하기

보기에도 좋고 사진 찍기도 좋은
음료 데코레이션 노하우를 공개합니다.

적당한 크기의 유리잔 사용

차가운 음료는 투명한 유리잔에 담았을 때 가장 돋보입니다. 적당한 잔을 찾기 위해 마실 때 불편하지 않은지, 얼음이 들어가는 크기인지, 입구의 폭은 적절한지, 빨대를 사용할 수 있는지 등을 체크합니다. 에이드는 길쭉한 일자형 유리잔이 좋고 아이스크림이나 토핑을 높이 쌓아올릴 때는 입구가 넓은 잔을 사용합니다. 플랫화이트나 카페라테처럼 그러데이션이 표현되는 커피는 작은 크기의 잔을 추천합니다.

디저트를 장식으로 활용

독특한 모양의 마카롱이나 빵, 과자를 장식으로 사용하면 귀여운 느낌을 연출할 수 있습니다. 빨대에 꽂아서 올려주면 접시가 필요 없는 디저트 음료가 되지요. 초콜릿을 입힌 스틱과자를 넣거나 장식하면 촉촉함까지 느낄 수 있습니다. 초콜릿을 부숴서 넣어주면 시리얼처럼 먹을 수 있고 식감도 더해줄 수 있습니다. 단, 녹지 않은 초콜릿을 먼저 넣고 얼음을 넣으면 초콜릿이 얼음에 붙어서 먹기에 불편할 수 있으니 많은 양의 얼음을 사용하지 않도록 합니다.

말린 과일이나 허브로 장식

음료를 만든 뒤 생과일로 장식하면 수분 때문에 모양이 잘 잡히지 않습니다. 그럴 때는 말린 과일이나 허브를 사용하면 좋습니다. 에이드에는 로즈메리, 타임, 애플민트를 주로 사용합니다. 향긋한 향과 파릇파릇한 초록색을 음료에 담을 수 있어 상큼한 느낌을 줍니다.

홈메이드 재료 활용

과일과 요구르트, 우유만 있다면 홈메이드 아이스크림바를 만들 수 있습니다. 과일을 얇게 슬라이스하여 얼음틀에 넣고 취향대로 요구르트, 우유, 스무디를 넣고 얼리면 건강한 홈메이드 아이스크림바가 완성됩니다. 또한 주스를 틀에 얼려서 셔벗을 만들어도 색다른 느낌을 줄 수 있습니다.

화려한 보색 대비

보색이 되는 진한 색깔의 과일을 활용하면 더 화려해지지요. 빨간색의 수박과 딸기, 핑크빛이 도는 아삭한 복숭아, 싱그러운 초록색의 키위, 노란색의 망고, 진한 보라색의 블루베리 등을 사용하면 색소를 사용하지 않고도 화려한 색감을 표현할 수 있습니다.

홈메이드 얼음으로 색다른 느낌을

얼음은 단순하게 시원함을 더해주는 재료가 아닙니다. 얼음을 적절히 활용하면 색다른 느낌의 음료를 완성할 수 있지요. 시판하는 얼음을 써도 되지만 직접 얼음을 만들면 색과 모양을 더욱 다양하게 연출할 수 있습니다. 파우더와 물을 섞어서 얼음틀에 얼리거나 에스프레소를 얼리면 맛이 진한 얼음을 만들 수 있습니다. 또 원형 모양 얼음틀을 이용해도 좋아요. 블루베리, 체리 같은 작은 과일을 넣고 물을 넘칠 만큼 가득 채워주면 과일이 들어간 얼음이 완성되지요. 허브를 넣고 얼리거나 히비스커스처럼 색깔이 진한 차를 우려서 사용해도 좋습니다.

음료에 어울리는 재료를 함께 놓기

테이블에 바로 음료를 놓는다면 껍질이 있는 과일을 주변에 놓아주면 과일의 상큼함이 배로 느껴질 거예요. 우유를 사용한 음료에는 초콜릿, 캐러멜 등 다양한 재료를 흩뿌리듯 뿌려서 음료에 어울리게 장식해주세요.

트레이나 티코스터 활용

납작한 나무 볼이나 대나무로 짠 매트 또는 티코스터를 사용하여 밋밋해 보일 수 있는 투명한 잔을 돋보이게 만들어보세요. 나무 제품은 나무 소품뿐만 아니라 투명한 유리잔과도 잘 어울립니다. 유리잔의 소서로 나무 소품을 사용해도 좋습니다.

모양이 독특한 시판 제품을 활용

아기자기하고 독특한 모양으로 시선을 끌기 좋은 시판 제품들이 있습니다. 알록달록한 색감이 예쁜 마카롱, 인기 있는 캐릭터 쿠키 등을 사용하여 귀엽게 표현하고 시그너처 메뉴를 만들 수 있습니다.

빨대나 머들러 등으로 강조

음료를 마실 때 필요한 빨대와 음료를 골고루 섞는 머들러는 음료를 마시기 위한 도구이기도 하지만 다양한 무늬가 새겨진 종이빨대를 사용하거나 금색, 은색, 유리와 같이 소재와 색깔이 다른 머들러로 심플한 듯 포인트를 줄 수 있습니다.

음료에 곁들이면 좋은 디저트

음료를 마실 때 짝꿍처럼 따라오는 디저트. 기분에 따라, 메뉴에 따라 어울리는 디저트가 있습니다. 같은 맛을 가진 음료와 디저트보다 서로 다른 맛을 가진 음료와 디저트가 더 잘 어울립니다.

아메리카노

아메리카노는 가볍게 마실 수 있고 연하지만 쓴맛이 있습니다. 티라미수나 생크림케이크 같은 달콤한 디저트와 어울립니다.

카페라테, 카푸치노

우유를 넣어 부드럽고 고소한 맛이 특징인 카페라테는 겉은 과자처럼 바삭하고 속은 촉촉한 카눌레나 아몬드의 고소함을 느낄 수 있는 마들렌 같은 구움과자와 잘 어울립니다.

아이스티

아이스티는 설탕을 입혀 겉은 바삭하게 굽고 속은 촉촉한 설탕토스트와 함께 먹으면 설탕의 달콤한 맛이 배가되고 목을 촉촉하게 적셔주어 음료와 디저트의 궁합이 아주 좋습니다.

말차라테

말차의 풍미를 끌어올려주는 디저트는 말차테린느입니다. 말차는 맛이 강해 다른 디저트와 먹으면 맛이 잘 느껴지지 않을 수 있지만 꾸덕꾸덕한 생초콜릿 같은 테린느와 함께 먹으면 풍미를 잘 느낄 수 있어요.

크림이 올라간 음료

쿠키나 비스킷을 곁들이고 크림을 찍어먹으면 별미입니다.

과일에이드

청량감이 있는 과일에이드는 어떤 디저트와도 잘 어울리지만 샌드위치를 곁들이면 한 끼 식사로도 손색없는 브런치가 됩니다.

COFFEE

1_ 콜드브루

24시간의 기다림이 주는 콜드브루의 부드러움.
커피의 쓴맛에 거부감이 있다면 콜드브루로 시작해보세요.
다양한 재료를 더해 색다른 조합으로도 즐길 수 있습니다.

콜드브루
cold brew

재료
콜드브루 원액 40ml
물 280ml
시나몬스틱 1개
얼음(정사각형) 4~5개

콜드브루는 오랫동안 차갑게 우려내는 커피입니다. 간단하지만 기다림이 필요한 메뉴지요. 집에서 만들 때는 간단하게 콜드브루 필터백을 이용해 만들어보세요. 커피의 쓴맛을 싫어하는 분들도 치즈케이크 한 조각과 함께 즐긴다면 부드러운 커피의 맛과 향을 느낄 수 있답니다.

만드는 법
[1] 잔에 얼음과 물을 넣어주세요.
[2] 콜드브루 원액을 넣어주세요.
[3] 시나몬스틱을 넣은 뒤 콜드브루와 물이 잘 섞이도록 저어주세요.

Tip 물과 콜드브루는 황금비율이 있어요
콜드브루는 물과 콜드브루의 비율이 중요합니다. 물과 콜드브루 원액의 비율을 7:1으로 넣으면 콜드브루 특유의 부드러움과 산미를 잘 느낄 수 있어요.

크림콜드브루

cream cold brew

재료

콜드브루 원액 60ml
우유 200ml
생크림 15ml
얼음(미니 조각) 200g

우유와 생크림을 섞어서 콜드브루에 천천히 부어주면 하얀 마블링이 커피와 얼음 사이로 스며들어 마시기 아까울 정도로 예쁜 커피가 완성됩니다. 생크림은 설탕을 넣지 말고 우유와 섞어주세요. 고소함이 두 배가 될 거예요. 콜드브루가 진할수록 우유가 예쁘게 스며듭니다.

만드는 법

[1] 잔에 얼음을 가득 넣어주세요.
[2] 콜드브루 원액을 부어주세요.
[3] 우유와 생크림을 섞은 뒤 입구가 뾰족한 저그에 담아주세요.
[4] 저그에 담은 우유와 생크림을 얼음 사이로 천천히 부어주세요.
[5] 우유를 다 부은 뒤 콜드브루와 잘 섞어주세요.

Tip **작은 얼음을 사용하세요**

예쁜 마블링을 만들기 위해서는 큰 얼음보다 작은 얼음이 좋습니다. 2cm 정도의 미니 조각 얼음을 잔 가득 채워주세요. 우유를 넣을 때 입구가 뾰족한 저그나 주전자를 사용하면 얼음 사이로 우유가 천천히 스며들어 영롱한 마블링이 생깁니다.

콜드브루에이드

cold brew ade

재료

콜드브루 원액 30ml
설탕시럽 10ml
탄산수 325ml
얼음(원형) 14개

에이드에는 보통 상큼한 과일이 들어가지만 콜드브루에이드는 커피가 들어가는 특별한 에이드입니다. 흔하지 않은 메뉴라서 더 매력적이에요. 겉으로 보기에는 사이다와 콜라를 섞은 것 같지만 진한 콜드브루 원액에 탄산수를 더해 청량한 맛과 커피의 깊은 맛을 함께 느낄 수 있어요. 나른한 오후에 콜드브루에이드 한 잔을 마시면 졸음도 도망갈 것 같아요.

만드는 법

[1] 잔에 콜드브루 원액을 부어주세요.

[2] 설탕시럽을 넣고 얼음을 담아주세요.

[3] 탄산수를 부어주세요.

* 탄산이 강한 것을 좋아한다면 창 소다워터chang soda water를 추천합니다.

Tip 설탕시럽은 조금씩 만드세요

설탕시럽은 한 번에 많이 만드는 것보다 조금씩 만들어서 바로 사용하는 게 좋아요. 냄비에 물과 설탕을 1:3 비율로 넣어주세요. 설탕이 물보다 많을 때는 설탕을 저으면 뭉쳐버리니 젓지 말고 가만히 끓여주세요. 설탕이 다 녹을 때까지 5분 정도 중불에서 끓인 뒤 팔팔 끓어오르면 불을 꺼주세요. 한 김 식힌 뒤 밀폐용기나 병에 넣고 냉장 보관합니다. 한 달 정도 보관 가능해요.

콜드폼콜드브루

cold foam cold brew

재료

콜드브루 원액 40ml
설탕시럽 20ml(p.74 참고)
물 280ml
얼음(정사각형) 11개

커피 위에 부드러운 거품을 올려서 마시는 메뉴입니다. 거품이 얼마나 특별할까 싶지만 부드럽게 넘어가는 그 맛은 말로 표현하기 부족한 것 같아요. 촉촉하게 입술에 닿는 거품의 부드러움과 커피의 맛을 함께 느껴보세요.

만드는 법

[1] 콜드브루와 설탕시럽, 얼음을 셰이커에 넣고 흔들어주세요.

[2] 준비한 잔에 물을 부어주세요.

[3] 셰이커 뚜껑만 열어 콜드브루 원액을 잔에 부어주세요.

[4] 셰이커의 몸통을 분리한 뒤 넓은 숟가락을 이용해 거품을 떠서 커피 위에 올리고 얼음을 부어주세요.

Tip **셰이커로도 거품을 만들 수 있어요**

전동거품기가 없어도 셰이커만 있다면 거품을 만들 수 있습니다. 셰이커에 콜드브루와 설탕시럽, 얼음을 넣고 강하게 흔들어주세요. 팔이 아프더라도 3분 정도 힘차게 흔들어주세요. 거품을 풍성하게 만들기 위해서 돌얼음처럼 부피가 큰 얼음을 많이 넣으면 좋아요. 거품이 완성되면 숟가락을 사용해 커피 위에 거품을 풍부하게 올려주세요.

콜드브루아포가토

cold brew affogato

재료

콜드브루 원액 20ml
바닐라 아이스크림 130g
아이스크림콘 1개

더운 여름, 아이스크림은 빼놓을 수 없는 디저트입니다. 더운 날씨 때문에 빨리 녹는 것이 아쉽지만 아포가토는 녹아도 맛있게 즐길 수 있어요. 콜드브루로 아포가토를 만들어보세요. 콜드브루의 신맛이 쫀득한 아이스크림에 부드럽게 스며들어 입안 가득 달콤함이 퍼질 거예요.

만드는 법

[1] 높이가 낮은 유리잔에 바닐라 아이스크림을 아이스크림 스쿱으로 크게 떠서 넣어주세요.

[2] 아이스크림 위로 콜드브루 원액을 천천히 부어주세요.

[3] 아이스크림콘을 올려서 장식해주세요.

Tip 유지방 함량이 높은 아이스크림을 사용하세요

바닐라 아이스크림은 무척 다양하고 각각 맛과 질감이 다릅니다. 아포가토를 만들 때는 유지방 함량이 높은 바닐라 아이스크림을 추천합니다. 유지방 함량이 낮으면 스쿱으로 뜰 때도 갈라지는 듯한 질감이 나타나고 잘 뭉쳐지지 않고 맛이 텁텁하여 콜드브루의 부드러운 맛을 방해합니다. 바닐라 맛이 진하고 쫀득한 아이스크림을 사용하세요.

히비스커스콜드브루

cold brew hibiscus tea

재료

콜드브루 원액 30ml
히비스커스 티백 1개
물 200ml
설탕 30g
얼음(보석) 8개

요즘 히비스커스가 무척 인기입니다. 상큼한 붉은색이 예쁘기도 하고 천연 비타민을 담고 있기 때문이지요. 커피 한 잔을 마실 때도 히비스커스를 이용해보세요. 새콤한 맛의 히비스커스와 콜드브루가 어울려 새로운 맛이 탄생했습니다. 누구나 거부감 없이 부드럽게 마실 수 있는 메뉴입니다.

만드는 법

[1] 물을 끓인 뒤 히비스커스 티백을 넣고 5분 정도 우리고 티백을 빼주세요.

[2] **1**에 설탕을 넣어 녹인 뒤 식혀주세요.

[3] 작은 크기의 잔에 얼음을 넣어주세요.

[4] **2**를 부어주세요.

[5] 층이 생기도록 콜드브루 원액을 천천히 부어주세요.

Tip **설탕을 넣어서 층을 만들어요**

새콤한 히비스커스가 부담스럽다면 설탕을 넣어서 단맛을 더해주세요. 히비스커스에 설탕을 녹이면 설탕시럽보다 진득함은 부족하지만 설탕의 무게 때문에 아래로 가라앉아서 콜드브루를 부으면 은은한 층이 생깁니다. 2~3일 정도 숙성시킨 콜드브루는 산미가 강해져서 단맛이 필요합니다.

THEY LOVE ICED COFFEE HERE

콜드브루소이라테

cold brew with soy latte

재료(2잔 분량)

콜드브루 원액 30ml
두유 240ml
연유 45g
얼음(미니 사각) 8개

어릴 적 할머니 댁에 가면 항상 두유가 있었어요. 할머니께서 꼭 한 팩을 손에 쥐어주셨지만 그때는 두유를 좋아하지 않아서 그다지 반기지 않았지요. 왜 고소한 두유 맛을 몰랐을까요. 요즘은 우유만큼 두유도 다양한 종류가 있지만 추억의 두유로 어릴 적 기억을 더듬어보세요. 두유 특유의 고소함과 담백함을 커피와 함께 즐길 수 있습니다.

만드는 법

[1] 두유와 연유를 잘 섞어주세요.
[2] 2개의 잔에 얼음을 4개씩 넣어주세요.
[3] **1**을 120ml씩 부어주세요.
[4] 콜드브루 원액을 15ml씩 천천히 부어주세요.

Tip **오리지널 두유를 사용하세요**

소이라테를 만들 때 저지방 두유나 무지방 두유를 사용하기도 하지만 두유의 진한 맛을 그대로 느끼고 싶어서 기본 두유를 사용했습니다. 여기에 연유를 넣어 달콤한 맛을 더했습니다. 연유는 부드러운 단맛이 있어서 더 매력적인 재료지요.

콜드브루맥주

cold brew beer

재료

콜드브루 원액 50ml
맥주 1캔(355ml)
얼음(미니 조각) 100g

무더운 여름밤 잠이 오지 않을 때는 치즈와 말린 과일 몇 조각, 그리고 맥주와 콜드브루를 챙겨 가까운 공원으로 나가보세요. 콜드브루맥주와 함께 매미 울음소리를 음악 삼아 여름날의 추억을 만들 수 있어요. 콜드브루와 맥주를 섞으면 맥주 특유의 쌉싸름한 맛을 콜드브루가 감싸주어 더 부드러운 맛을 냅니다. 하지만 과음하지 않도록 주의해야 합니다!

만드는 법

[1] 셰이커에 콜드브루 원액과 맥주를 넣어주세요.
[2] 셰이커를 30초 정도 가볍게 흔들어주세요.
[3] 잔에 얼음을 넣고 **2**의 콜드브루맥주를 부어주세요.

Tip **셰이커를 사용하면 편리해요**

콜드브루를 셰이커에 넣고 흔들어주면 원두의 풍미를 더 높일 수 있습니다. 흔드는 과정에서 맥주의 강한 맛이 부드러워지고 맥주와 콜드브루의 맛이 잘 어우러져 부담스럽지 않은 알코올의 맛을 느낄 수 있습니다.

2_ 에스프레소

크레마가 매력적인 에스프레소는 커피의 기본입니다.
이 기본 커피만 있다면 다채로운 재료를 더해
무궁무진한 커피 메뉴를 완성할 수 있지요.

카페라테

cafe latte

재료

에스프레소 30ml
우유 280ml
얼음(미니 조각) 95g

라테는 이탈리아어로 '우유'를 뜻합니다. 카페라테는 커피와 우유를 섞은 메뉴예요. 예전에는 우유 특유의 비린내 때문에 카페라테를 좋아하지 않았는데 지금은 우유의 고소한 맛이 좋아서 즐겨 마시게 되었어요. 아침 식사 대신 진한 카페라테 한 잔을 마셔도 부담스럽지 않고 든든합니다.

만드는 법

[1] 잔에 얼음을 넣어주세요.

[2] 우유를 넣어주세요.

* 고소한 맛이 진한 폴스 퓨어 우유pauls pure milk를 사용하면 더욱 맛있습니다.

[3] 얼음 위에 에스프레소를 천천히 부어주세요.

Tip **원두 선택이 중요해요**

카페라테는 중배전된 원두로 내린 에스프레소가 어울립니다. 우유의 고소함이 묻히지 않으면서 끝맛이 쓰지 않고 담백하며 진한 커피의 맛을 제대로 느낄 수 있습니다. 우유의 고소한 풍미까지 느낄 수 있도록 도와줍니다. 배전 강도가 강할수록 쓴맛과 탄맛이 강하기 때문에 우유와 어우러지지 않을 수 있습니다.

플랫화이트

flat white

재료(2잔 분량)

에스프레소 50ml
우유 240ml
얼음(정사각형) 6~8개

요즘 카페에서 자주 볼 수 있는 플랫화이트는 카페라테와 비슷하지만 에스프레소를 더 진하게 내리고 우유를 적게 넣은 호주식 커피입니다. 에스프레소는 리스트레토(짧은 시간에 에스프레소를 추출하는 방식입니다)로 20초 정도 추출합니다. 적은 양이 아쉽지만 커피가 진해서 이 정도가 딱 적당한 것 같아요.

만드는 법

[1] 2개의 잔에 우유를 120ml씩 부어주세요.

[2] 얼음을 3~4개씩 넣어주세요.

[3] 샷잔 2개를 준비하여 에스프레소를 25ml씩 추출한 뒤 잔에 부어주세요.

* 신선한 원두를 사용해 크레마를 풍부하게 내려주세요.

Tip 플랫화이트에는 우유를 적게 넣어요

플랫화이트는 카페라테와 같은 양의 에스프레소가 들어가지만 우유는 적게 들어갑니다. 큰 잔에 얼음을 가득 넣으면 밍밍할 수 있으니 작은 잔에 넣고 얼음은 3~4개 정도가 적당합니다. 아주 차가운 온도보다 얼음이 살짝 녹아서 미지근한 정도의 온도가 어울리는 커피입니다.

시나몬플랫화이트

cinnamon flat white

재료

에스프레소 25ml
우유 160ml
시나몬시럽 15ml(p.59 참고)
시나몬파우더 5g
얼음(미니 조각) 130g

영화 〈카모메 식탁〉을 생각하면 시나몬과 흑설탕의 향긋함이 떠올라요. 영화의 대표 메뉴인 시나몬롤 덕분이지요. 시나몬롤을 만드는 건 조금 번거롭지만 시나몬시럽은 간단하게 만들 수 있어요. 시럽을 만들 때부터 시나몬의 향긋한 향이 코끝을 자극해 시나몬에 매료되어 버릴 거예요.

만드는 법

[1] 잔에 얼음을 넣어주세요.
[2] 우유와 시나몬시럽을 붓고 섞어주세요.
[3] 에스프레소를 부어주세요.
[4] 얼음 위에 시나몬파우더를 솔솔 뿌려주세요.

Tip **꿀을 넣은 시나몬시럽을 사용해요**

시나몬시럽에 꿀을 넣으면 시럽의 점도가 더 높아지고 뒷맛이 깔끔합니다. 냄비에 시나몬스틱과 물, 설탕을 넣고 끓여주세요. 물을 끓일 때는 강불로 끓이고, 끓기 시작하면서 설탕 입자가 녹으면 약불로 낮춰주세요. 꿀을 넣은 뒤 거품을 걷고 불을 꺼주세요. 시럽은 밀폐용기에 옮겨 한 김 식힌 뒤 냉장 보관해주세요. 밀폐유리병에 담아 냉장고에 두면 30일 정도 보관 가능합니다.

카페모카

cafe mocha

재료

에스프레소 40ml
초콜릿소스 35ml
우유 300ml
얼음(정사각형) 4개
초콜릿파우더 약간

진한 커피를 마시기는 부담스럽고, 너무 단 커피는 마시고 싶지 않은 애매한 날에 추천하는 커피입니다. 커피의 쓴맛과 초콜릿의 단맛이 조화롭게 어울리지요. 단맛을 좋아한다면 초콜릿소스를 더 넣어도 좋아요. 커피의 쓴맛이 단맛을 적당하게 잡아준답니다.

만드는 법

[1] 초콜릿소스 25ml를 에스프레소에 넣고 잘 녹여주세요.
[2] 잔에 얼음을 넣어주세요.
[3] 잔 입구에 초콜릿소스 10ml를 동그랗게 둘러서 흐르게 해주세요.
[4] 우유를 붓고 **1**을 부어주세요.
[5] 초콜릿파우더를 체에 내려 장식해주세요.

Tip **뜨거운 에스프레소에 초콜릿소스를 녹여요**

95℃ 정도의 뜨거운 물로 내린 에스프레소에 초콜릿소스를 녹여야 잘 녹습니다. 초콜릿소스가 뭉치지 않도록 잘 섞어주세요. 에스프레소의 쓴맛과 초콜릿소스의 단맛, 우유의 고소한 맛이 조화롭게 어울립니다.

카푸치노

cappuccino

재료

에스프레소 20ml
우유 280ml
시나몬파우더 3g
시나몬스틱 1개
얼음(정사각형) 6개

카페라테와 크게 다르지 않지만 폭신폭신한 거품과 코끝에 풍기는 시나몬스틱의 향 덕분에 확연하게 다른 메뉴가 됩니다. 입술에 닿는 풍성한 거품의 카푸치노 한 잔이면 기분까지 달콤해지는 것 같아요.

만드는 법

[1] 우유를 전자레인지에서 40~60초 정도 데워주세요.

[2] 전동거품기를 1분 30초 정도 돌려서 데운 우유에 거품을 만들어주세요.

[3] 숟가락으로 거품을 막고 우유만 잔에 부어준 뒤 얼음을 넣어주세요.
* 면적이 넓은 우유거품 숟가락을 사용해도 됩니다.

[4] 부드러운 우유거품을 숟가락으로 올려주세요.

[5] 에스프레소를 부어주세요.
* 에스프레소를 먼저 붓고 우유거품을 올리면 에스프레소가 묻어 깔끔하지 않으니 우유와 거품을 먼저 넣은 뒤 에스프레소를 부어주세요.

[6] 거품이 비어 있는 부분에 남은 우유거품을 조금씩 올려서 모양을 잡아주세요.
* 에스프레소를 부을 때 구멍이 뚫리기 때문에 우유거품을 또 올립니다. 깔끔하고 봉긋한 모양을 원하면 남아 있는 우유거품으로 빈 공간을 채워주세요.

[7] 시나몬파우더를 체에 쳐서 뿌리고 시나몬스틱을 얹어주세요.

Tip 오리지널 우유를 사용해야 거품이 쫀쫀해요

우유거품을 만들 때는 오리지널 우유를 추천합니다. 무지방 우유나 저지방 우유를 사용하면 거품이 부드럽지 않습니다. 전동거품기를 위아래로 움직이며 충분히 거품을 내어야 폭신한 거품이 만들어집니다.

연유커피

espresso with condensed milk

재료

에스프레소 20ml
연유 15g
우유 120ml
얼음(미니 조각) 7~8개

베트남식 연유커피인 카페쓰어다cafe sua da를 마셔보고 연유의 맛을 새롭게 알게 되었어요. 베트남에서는 핀드리퍼를 사용하지만 이 레시피에서는 간단하게 모카포트로 만들었습니다. 연유를 컵 안쪽에 흐르게 하고 얼음을 돌리면서 섞으면 더 달콤하게 느껴집니다. 부드러운 연유의 단맛이 매력적인 메뉴입니다.

만드는 법

[1] 모카포트로 크레마가 없는 에스프레소를 내려주세요. (p.46 참고)
* 진하게 내린 핸드드립 커피로 대체할 수 있습니다.

[2] 연유 5g를 잔 안쪽 벽을 따라 한 바퀴 둘러주세요.

[3] 우유에 연유 10g를 넣고 섞어주세요.

[4] 잔에 **3**과 얼음을 넣어주세요.

[5] 에스프레소를 천천히 부어주세요.

Tip **연유는 넉넉하게 넣어주세요**

잔을 살짝 기울여서 연유가 벽을 타고 흐르도록 연출해주세요. 연유를 많이 넣어서 달지 않을까 걱정이 될 수도 있지만 진하고 달콤한 맛이 매력인 커피이기 때문에 연유를 넉넉하게 넣어주세요.

솔티드피넛커피

coffee with salted peanut butter

재료

에스프레소 45ml
생크림 100ml
설탕 20g
피넛버터 15g
우유 320ml
핑크소금 약간
얼음(정사각형) 8개

커피에 피넛버터를 넣으면 단맛과 짠맛이 어울리는 독특한 솔티드 피넛커피를 만들 수 있어요. 질리지 않고 마실 수 있는 단맛과 짠맛에 소금을 조금 더하면 단맛이 더욱 두드러집니다. 특별한 메뉴에 도전해보고 싶을 때 추천합니다.

만드는 법

[1] 볼에 생크림과 설탕을 넣고 핸드블렌더로 30초 정도 휘핑해주세요.

[2] 에스프레소에 피넛버터를 넣고 잘 녹여주세요.

[3] 잔에 얼음과 우유를 넣어주세요.

[4] 피넛버터를 녹인 에스프레소를 부어주세요.

[5] **1**의 생크림을 아이스크림 스쿱이나 숟가락으로 떠서 올린 뒤 핑크소금을 골고루 뿌려주세요.
* 짠맛이 강하지 않고 깨끗한 히말라야 핑크소금을 사용했습니다.

Tip **피넛버터를 잘 녹여야 겉돌지 않아요**

에스프레소에 피넛버터를 녹이면 버터는 녹지만 땅콩은 그대로 가라앉습니다. 빨대로 커피를 한 모금 마시면 아랫부분의 고소한 땅콩까지 함께 맛볼 수 있어요. 피넛버터는 초콜릿소스보다 단단한 질감이지만 갓 내린 뜨거운 에스프레소에 녹이면 부드럽게 잘 녹습니다.

아이리시커피

irish coffee

재료

에스프레소 30ml
위스키 15ml
물 120ml
황설탕 2개(12g)
설탕 20g
휘핑크림 100ml
얼음(사각) 3개

아이리시커피는 언뜻 보면 비엔나커피와 비슷하지만 아일랜드에서 탄생한 이색적인 커피입니다. 사람들이 아일랜드의 추운 날씨에 잘 적응할 수 있도록 공항에서 손님들에게 제공한 것이 시작이라고 합니다. 언젠가는 아일랜드에서 진짜 아이리시커피를 마셔보고 싶네요. 그때를 상상하며 만들어본 아이리시커피는 위스키가 꽤 강해서 얼음을 더 넣고 휘핑크림을 올려보았어요. 알코올이 강하지 않고 휘핑크림과 커피가 어우러지는 특별한 커피가 완성되었습니다.

만드는 법

[1] 셰이커에 에스프레소, 위스키, 물, 황설탕을 넣고 잘 흔들어주세요.

[2] 잔에 얼음을 넣고 **1**을 부어주세요.
 * 거품이 들어가지 않도록 액체만 부어주세요.

[3] 높이가 있는 잔에 설탕과 휘핑크림을 넣고 전동거품기로 30~40초 정도 묽게 휘핑해주세요.

[4] 휘핑크림을 커피 위에 올려주세요.

Tip **에스프레소와 위스키는 셰이커로 섞어주세요**

에스프레소와 위스키를 미리 섞지 않으면 맛이 겉돌아서 알코올이 강하게 느껴질 수 있어요. 그러니 셰이커에 넣어서 잘 섞어주세요. 설탕을 함께 넣고 2분 정도 흔들어주면 알코올이 조금 날아갑니다. 알코올 맛과 향이 강하지 않아서 술을 잘 마시지 못하는 사람들도 마실 수 있어요.

두유구름라테

whipped soy milk latte

재료

에스프레소 30ml
우유 100ml
두유 190ml
얼음(정사각형) 3~4개

무설탕 두유를 사용해 두유구름라테를 만들어보세요. 더 건강한 맛을 느낄 수 있습니다. 두유의 고소함, 우유의 부드러움, 커피의 씁쓸함이 어우러져 한 잔의 건강 음료를 마시는 듯해요. 두유를 넣어서 속도 더 편안합니다.

만드는 법

[1] 우유를 전자레인지에서 40초 정도 데운 뒤 전동거품기로 1분 정도 거품을 내주세요.
[2] 잔에 두유를 100ml를 부은 뒤 얼음을 넣어주세요.
[3] 에스프레소를 붓고 남은 두유 90ml를 부어서 층을 만들어주세요.
[4] 우유거품을 숟가락으로 떠서 두유 위에 올려주세요.

Tip **무설탕 두유를 사용하면 더욱 고소해요**

우리가 익숙한 두유는 고소하면서도 달콤하지만 무설탕 두유는 단맛이 적고 깔끔한 맛과 부드러운 맛을 느낄 수 있어요. 커피를 마시면 속이 쓰리거나 우유를 잘 소화시키지 못하는 분들에게 추천합니다. 우유는 전동거품기로 거품을 풍성하게 만들어주세요.

티라미수라테

tiramisu latte

재료

에스프레소 30ml
마스카르포네 40g
생크림 120ml
슈기파우더 10g
우유 180ml
레이디핑거 1개
초콜릿파우더 10g
얼음(미니 사각) 4~5개

마스카르포네와 생크림을 휘핑해서 만든 부드러운 크림을 올린 티라미수라테입니다. 티라미수를 만들 때 사용하는 레이디핑거를 커피와 크림에 적셔 먹으면 따로 디저트가 필요하지 않아요. 초콜릿파우더 때문에 기침이 날 수 있으니 천천히 음미하며 마시는 것을 추천합니다.

만드는 법

[1] 볼에 마스카르포네와 생크림, 슈가파우더를 넣고 핸드블렌더로 50초 정도 휘핑하세요.
[2] 잔에 에스프레소와 우유를 섞어서 넣고 얼음을 넣어주세요.
[3] 휘핑한 크림을 짤주머니에 넣은 뒤 동그랗게 만들어주세요.
* 짤주머니가 없다면 비닐백에 크림을 넣고 모서리에 구멍을 내주세요.
[4] 커피 위에 휘핑크림을 짜고 레이디핑거를 올려주세요.
[5] 초콜릿파우더를 체 쳐서 커피 위에 솔솔 뿌려주세요.

Tip 마스카르포네를 사용하면 크림이 단단해요

마스카르포네는 밀라 제품을 사용했습니다. 우유의 맛이 강해서 마스카르포네가 익숙하지 않아도 거부감 없이 마실 수 있어요. 동물성 생크림은 모양이 단단하게 휘핑되지 않지만 마스카르포네를 넣으면 더 단단해져서 원하는 모양으로 크림을 짤 수 있어요.

초콜릿마키아토

chocolate macchiato

재료

에스프레소 30ml
캐러멜 10개
물 50ml
설탕 40g
생크림 200ml
초콜릿파우더(가당) 15g
우유 220ml
얼음(원형) 6개

캐러멜은 앉은자리에서 한 통을 다 먹어버리게 되는 마성의 맛을 가진 디저트예요. 치아에 달라붙어서 애를 먹은 적도 있답니다. 하지만 캐러멜을 녹여서 소스를 만들고 커피에 넣어 마시면 걱정 없이 캐러멜을 즐길 수 있어요.

만드는 법

[1] 소스팬에 물을 붓고 캐러멜을 넣은 뒤 중불에서 녹여주세요.
[2] 캐러멜이 녹으면 약불로 낮춘 뒤 설탕을 넣고 저어가며 캐러멜소스를 완성해주세요.
[3] 장식용 캐러멜소스를 조금 남기고 에스프레소에 캐러멜소스를 넣고 녹여주세요.
[4] 볼에 생크림, 초콜릿파우더를 넣고 핸드블렌더로 1분 20초 정도 단단하게 휘핑해주세요.
[5] 잔에 에스프레소를 붓고 우유와 얼음을 넣어주세요.
[6] 4의 초콜릿크림을 컵에 가득 담은 뒤 표면을 정리하고 뿔 모양으로 장식해주세요.
[7] 초콜릿크림 위에 캐러멜소스를 부어주세요.
* 취향에 따라 땅콩가루를 으깨서 장식해도 좋아요.

Tip 초콜릿크림은 파우더로 만들어야 깔끔해요

초콜릿크림을 만들 때는 가당 초콜릿파우더를 사용합니다. 설탕이 들어가 있어 따로 설탕을 추가하지 않아도 됩니다. 초콜릿소스로도 초콜릿크림을 만들 수 있지만 맛이 깔끔하지 않아서 초콜릿파우더를 추천합니다.

더티커피

dirty coffee

재료

에스프레소 20ml
다크 판초콜릿 1개(200g)
물 200ml
생크림 80ml
설탕 10g
마시멜로 2개
얼음(미니 사각) 12~13개

초콜릿을 아낌없이 올린 메뉴입니다. 자꾸자꾸 올리다 보니 크림이 넘쳐버렸는데 그게 또 멋스러워요. SNS에서도 인기 있는 메뉴이기도 합니다. 커피는 연하게 만들고 초콜릿을 잘게 잘라서 크림 위에 소복하게 올려보세요. 크림 대신 거품을 넣고 초콜릿을 올려도 좋아요.

만드는 법

[1] 판초콜릿은 얇게 잘라주세요.
[2] 잔에 물과 에스프레소를 넣고 얼음을 넣어주세요.
[3] 볼에 생크림과 설탕을 넣고 전동거품기로 30초 정도 휘핑해주세요.
[4] 휘핑한 생크림 60ml를 커피 위에 올리고 그 위에 잘게 자른 초콜릿을 올려주세요.
[5] 남은 생크림 20ml를 초콜릿 위에 부어주세요.
[6] 마시멜로를 토치로 노릇노릇하게 구운 뒤 올려주세요.

Tip **초콜릿은 얇게 잘라주세요**

초콜릿 덩어리를 살린 형태로 크림 위에 올리기 위해 판초콜릿을 얇고 길게 잘라주세요. 두꺼워서 한 번에 잘리지 않으니 식칼이나 큰 칼을 사용해 다치지 않도록 조심해서 잘라야 합니다. 취향에 따라 다크초콜릿이나 밀크초콜릿, 화이트초콜릿 중에 선택하면 됩니다.

바나나우유에스프레소

espresso with banana milk

재료

에스프레소 80ml
바나나우유 1개(240ml)

어릴 적 목욕을 하고 나서 바나나우유에 빨대를 콕 꽂아서 시원하게 마셔본 기억, 누구나 있을 거예요. 저는 원래 바나나우유를 좋아하지 않았는데 이 메뉴를 먹어보고 바나나우유를 좋아하게 되었어요. 바나나우유를 얼려서 에스프레소와 함께 만들어보세요. 바나나우유에서 은은한 스카치캔디의 맛을 느낄 수 있답니다.

만드는 법

[1] 바나나우유 120ml와 에스프레소 60ml를 각각 얼음틀에 붓고 12시간 정도 얼려주세요.

[2] 바나나우유 얼음 3개와 에스프레소 얼음 2개를 길쭉한 잔에 담아주세요.

[3] 바나나우유 120ml와 에스프레소 20ml를 붓고 천천히 녹여 드세요.

Tip 에스프레소는 강배전 원두로 내려주세요

바나나우유에스프레소는 콜드브루나 핸드드립으로 내린 커피보다 진한 에스프레소가 어울립니다. 에스프레소를 얼리기 때문에 녹았을 때 맛이 연해지지 않도록 강배전으로 내린 원두로 에스프레소를 추출하세요.

고구마라테

sweet potato latte

재료

에스프레소 30ml
군고구마 작은 것 2개
꿀 15g
우유 260ml
얼음(원형) 5개

고구마와 커피는 고구마와 김치만큼 잘 어울립니다. 목이 막히는 느낌이 드는 고구마를 부드럽게 마실 수 있어서 더 좋아요. 고구마는 으깨서 카페라테에 토핑으로 올려도 좋고, 고구마셰이크에 에스프레소를 넣어서 먹어도 맛있어요. 달콤한 고구마와 씁쓸한 커피의 어울림을 한 번 느껴보세요.

만드는 법

[1] 믹서에 군고구마 1½개와 꿀, 우유를 넣고 곱게 갈아주세요.
[2] 고구마 ½개는 토핑용으로 깍둑썰기 해주세요.
[3] 잔에 **1**을 부어주세요.
[4] 얼음을 넣고 에스프레소를 부어주세요.
[5] 커피 위에 토핑용 고구마를 올려주세요.

Tip **꿀고구마를 곱게 갈아주세요**

고구마라테를 만들 때는 당도가 높고 수분을 촉촉하게 머금은 고구마를 사용하고 껍질은 깨끗하게 제거해주세요. 퍽퍽한 고구마보다 꿀을 머금은 꿀고구마가 더 맛있어요. 믹서에 고구마와 우유를 넣고 곱게 갈아주세요. 빨대로 마실 때 건더기가 걸리지 않을 정도로 갈면 더 좋아요.

자몽비앙코

grapefruit bianco

재료

에스프레소 20ml
자몽 1개
자몽주스 200ml
우유 80ml
얼음(정사각형) 9개

오렌지를 넣은 커피는 이제 낯설지 않은 메뉴입니다. 커피는 달콤한 오렌지와는 잘 어울리지만 "자몽과도 어울릴까?"라는 호기심이 생겨서 자몽비앙코에 도전해보았어요. 자몽과 커피의 조화가 궁금했거든요. 커피와 함께 자몽의 색다른 맛을 즐겨보세요.

만드는 법

[1] 자몽 꼭지 부분을 제외하고 윗면을 얇게 한 쪽 슬라이스해주세요.
[2] 자몽의 남은 부분은 과육을 발라내주세요.
[3] 잔에 발라낸 자몽 과육과 자몽주스를 부어주세요.
[4] 얼음을 넣고 에스프레소를 천천히 부어주세요.
[5] 우유를 전자레인지에 40초 정도 데운 뒤 전동거품기로 30초 정도 돌려 거품을 만들고 커피 위에 올려주세요.
[6] 슬라이스한 **1**의 자몽을 뚜껑처럼 덮어주세요.

Tip **에스프레소는 숟가락으로 흘려넣어요**

자몽과 에스프레소에 층을 만들기 위해 숟가락을 뒤집은 다음 뜨거운 에스프레소를 천천히 부어줍니다. 아래쪽에 설탕이 들어간 주스를 넣었기 때문에 숟가락을 뒤집어서 천천히 흘려주면 에스프레소가 아래로 퍼지지 않아서 쉽게 층을 만들 수 있어요.

커피젤리우유

milk with coffee jelly

재료

인스턴트 원두커피 2개 (18g)
판젤라틴 2장
물 50ml
우유 180ml
설탕 30g

커피젤리우유를 마시면 탱탱하고 쫀득한 젤리가 입안에서 춤을 추는 것 같아요. 헤엄치듯 도망 다니는 젤리와 커피를 함께 마시면 티타임이 더 재미있어요. 우유를 머금고 있는 젤리는 씹을수록 커피맛까지 느껴지지요.

만드는 법

[1] 판젤라틴은 15분 정도 찬물에 불려주세요.
[2] 냄비에 인스턴트 원두커피와 물을 넣은 뒤 강불에서 끓여주세요.
[3] 다른 냄비에 우유 100ml를 넣고 중불에서 끓여주세요.
[4] 우유가 끓기 시작하면 설탕과 **2**의 커피를 넣어주세요.
[5] 설탕이 다 녹으면 판젤라틴의 물기를 꼭 짜서 넣고 저은 뒤 불을 꺼주세요.
[6] **5**를 체에 한 번 거르고 사각 틀에 부어 냉장고에서 3시간 이상 굳혀주세요.
[7] 커피젤리가 굳으면 원하는 크기로 자른 뒤 잔에 넣어주세요.
[8] 잔에 우유 80ml를 부어주세요.

Tip **인스턴트 원두커피를 사용하세요**

젤리를 만들 때 에스프레소를 사용하면 커피의 크레마 때문에 젤리가 깔끔하지 않아요. 인스턴트 원두커피는 다크와 마일드 등 다양한 제품이 있지만 쓴맛이 강한 것보다 부드러운 것을 사용하세요. 젤리를 만들 때 거품이 생기면 걷어내면서 만듭니다. 거품이 없어야 깔끔한 젤리가 완성됩니다.

아포가토

affogato

재료

에스프레소 20ml
로투스 3개
바닐라 아이스크림 2스쿱

아이스크림과 커피의 조합인 일반적인 아포카토에 과자를 더해보세요. 앉은자리에서 몇 개나 먹을 정도로 매력적인 과자와 커피의 만남은 그야말로 거부할 수 없습니다. 과자를 부순 다음 커피 아래에도 깔아주세요. 스트레스를 받거나 달콤한 과자가 먹고 싶을 때 간식으로 좋은 로투스lotus는 아이스크림, 커피와도 잘 어울려요.

만드는 법

[1] 지퍼백에 로투스 2개를 넣고 숟가락으로 부수어주세요.

[2] 낮은 잔에 바닐라 아이스크림을 작은 스쿱으로 떠서 동그랗게 올려주세요.

[3] 잔 바닥에 **1**의 과자를 깔고 아이스크림 위에 에스프레소를 부어주세요.

[4] 로투스 1개를 아이스크림 위에 장식해주세요.

Tip **과자를 부술 때는 숟가락을 사용하세요**

과자를 손으로 부수면 부스러지기만 하고 잘되지 않습니다. 지퍼백에 넣고 숟가락을 이용해 잘게 조각내어주세요.

휩아메리카노

americano with whipped cream

재료(2잔 분량)

에스프레소 60ml
물 360ml
설탕시럽 20ml(p.74 참고)
생크림 200ml
소금 5g
얼음(미니 조각) 240g

더운 날 즐겨 마시는 커피입니다. 갈증을 해소하기 위해 아메리카노를 마셨지만 씁쓸한 맛 때문에 아쉬움이 남는다면, 휘핑크림을 올린 아메리카노를 마셔보세요. 우유와 에스프레소를 넣은 카페라테보다, 가볍고 쓴 아메리카노보다 달콤하게 커피를 즐길 수 있어요.

만드는 법

[1] 볼에 생크림과 소금을 넣고 40초 정도 휘핑해서 단단한 크림을 만들어주세요.

[2] 2개의 잔에 얼음을 120g씩 넣어주세요.

[3] 각각 물 180ml와 에스프레소 30ml, 설탕시럽 10ml씩 넣고 섞어주세요.

[4] 아이스크림 스쿱으로 크림을 떠서 커피 위에 올려주세요.

Tip **동물성 생크림을 사용해요**

동물성 생크림은 식물성 생크림인 휘핑크림보다 모양이 쉽게 흐트러지지만 더 고소하고 우유맛이 진합니다. 게다가 우유크림 99%라서 무척 부드러워요. 고소한 맛을 내고 싶다면 동물성 생크림을 사용하세요. 휘핑할 때 소금 5g 정도를 넣고 섞어주면 분리되지 않고 식감이 더 부드러워요.

초콜릿커피셰이크

chocolate coffee shake

재료

에스프레소 30ml
초코우유 1개(190ml)
바닐라 아이스크림 50g
초콜릿파우더 10g
초콜릿과자(빼빼로) 2개
얼음(정사각형) 15개

달콤한 초콜릿은 누구나 거부할 수 없는 매력적인 재료입니다. 스트레스를 받을 때나 기운이 떨어졌을 때, 생각이 많아서 머리가 아플 때 한 조각 먹으면 힘이 나는 간식입니다. 하지만 초콜릿 음료는 뒷맛이 깔끔하지 않아 물을 많이 마시게 되곤 해요. 그래서 에스프레소를 넣어 뒷맛까지 깔끔한 초콜릿커피셰이크를 만들어보았습니다.

만드는 법

[1] 푸드프로세서에 얼음과 초코우유를 넣고 30초 정도 빠르게 갈아주세요.

[2] **1**에 에스프레소와 바닐라 아이스크림, 초콜릿파우더를 넣고 골고루 섞이도록 1분 30초 정도 갈아주세요.

[3] 잘 섞은 초콜릿커피셰이크를 잔에 담아주세요.

[4] 취향에 따라 과자를 올려주세요.

* 초콜릿으로 코팅된 과자를 올리면 셰이크를 마시는 동안 과자가 눅눅해지지 않아요.

Tip 푸드프로세서에서 한 번에 갈아주세요

얼음과 초코우유를 한 번 빠르게 갈아주면 얼음이 잘게 쪼개져 부드러워집니다. 그다음 재료를 넣고 천천히 갈아주면 얼음이 뭉치지 않고 고운 식감의 셰이크를 만들 수 있습니다.

민트카페모카

peppermint cafe mocha

재료

에스프레소 30ml
우유 220ml
민트시럽 20ml
초콜릿소스 45g
초콜릿파우더 3g
화이트블로섬 5g
얼음(원형) 6개

민트를 떠올리면 치약이 생각나는 사람이 있을지도 모르겠어요. 하지만 상큼한 민트와 달콤한 초콜릿의 조화는 많은 마니아가 있을 정도로 매력적인 맛이랍니다. 민트초코케이크, 민트초코떡 등 다양한 디저트가 있지만 간단하게 만들 수 있는 민트카페모카로도 민트와 초콜릿의 매력을 흠뻑 만끽할 수 있어요.

만드는 법

[1] 우유에 민트시럽을 넣고 잘 섞어주세요.

[2] 잔에 얼음을 넣고 **1**의 민트우유를 부어주세요.

[3] 에스프레소에 초콜릿소스를 넣고 녹인 뒤 **2**에 빠르게 부어주세요.
* 입구가 뾰족하지 않은 샷잔을 사용해 민트우유에 에스프레소가 스며들도록 빠르게 부어주세요.

[4] 초콜릿파우더를 체 쳐서 뿌리고 화이트블로섬을 장식해주세요.
* 화이트블로섬은 꽃을 말아놓은 듯한 모양의 초콜릿으로 장식하기에 좋아요.

Tip 민트시럽은 적당하게 넣어요

민트시럽을 많이 넣으면 색깔은 예쁘지만 단맛과 청량감이 강해서 부담스러울 수 있어요. 또 초콜릿과 에스프레소의 맛을 방해할 수도 있고요. 우유와 민트시럽은 10:1 비율이 적당합니다.

1½
1
½
ounces

코코넛밀크라테

coconut milk latte

재료

에스프레소 40ml
코코넛밀크 80ml
연유 30g
우유 200ml

코코넛오일, 코코넛워터, 코코넛밀크 등은 많은 사람들이 좋아하는 재료입니다. 건강에 좋다고도 하지만 우선 맛있기 때문이지요. 걸쭉한 코코넛밀크를 우유와 섞어서 라테로 즐기면 고소함과 시원함을 함께 느낄 수 있어요. 동남아 휴양지에서 맛보는 듯한 코코넛밀크라테를 마시는 그 순간이 바로 작은 휴식이 될 거예요.

만드는 법

[1] 볼에 코코넛밀크와 연유를 잘 풀어준 뒤 우유를 넣고 섞어주세요.

[2] 실리콘 얼음틀에 **1**을 붓고 12시간 정도 냉동실에서 얼려주세요.

[3] 잔에 코코넛밀크 얼음을 6개 정도 넣어주세요.

[4] 에스프레소를 부어주세요.

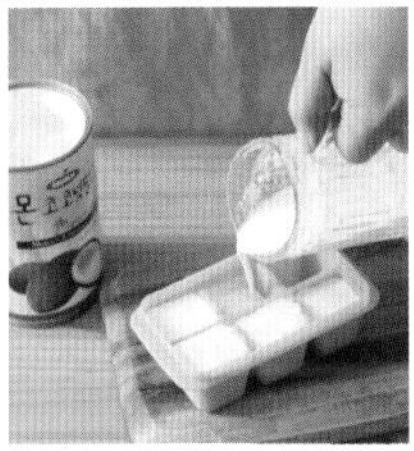

Tip **실리콘 얼음틀을 사용해요**

코코넛밀크는 부드러워서 플라스틱 소재의 얼음틀을 사용하면 잘 떨어지지 않고 부서질 수 있습니다. 실리콘은 얼음이 쉽게 빠지고 모양도 망가지지 않아요.

FRUITS

1_ 과일청

싱싱한 과일에 설탕을 넣어 만든 과일청은
과일이 상할 걱정 없이 오래도록 즐길 수 있지요.
청을 이용해 과일 본연의 맛을
느낄 수 있는 레시피를 소개합니다.

히비스커스레몬에이드

hibiscus lemonade

재료

레몬청 30g(p.55 참고)
히비스커스 티백 1개
물 60ml
레몬 슬라이스한 것 2쪽
탄산수 1병(325ml)
얼음(정사각형) 13개

히비스커스와 레몬은 무척 잘 어울립니다. 레몬은 생으로 먹으면 너무 새콤해서 깜짝 놀라게 되지만 청으로 만들면 새콤달콤하게 즐길 수 있어요. 상큼한 히비스커스레모네이드 한 잔이면 갈증을 시원하게 해소할 수 있답니다.

만드는 법

[1] 물을 끓인 뒤 히비스커스 티백을 넣고 10분 정도 진하게 우린 뒤 티백을 빼고 한 김 식혀주세요.

[2] 잔에 레몬청을 넣어주세요.

[3] 얼음을 반 정도 넣은 뒤 슬라이스한 레몬을 교차하여 잔 안쪽에 붙여주세요.

[4] 나머지 얼음과 탄산수를 부어주세요.

[5] **1**을 천천히 부어주세요

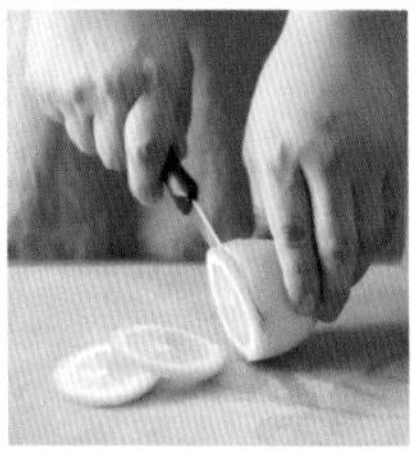

Tip **레몬청을 만들 때는 얇게 슬라이스해요**

음료에 사용할 레몬청을 만들 때는 0.5cm 정도로 얇게 슬라이스합니다. 레몬의 신맛에 히비스커스의 새콤한 맛이 스며들어 상큼한 맛을 느낄 수 있습니다.

자몽꿀차

grapefruit and honey tea

재료

자몽청 25g(p.55 참고)
메로골드자몽 1개
꿀 30g
물 250ml
애플민트 적당량
얼음(정사각형) 6개

신맛과 쓴맛이 어우러지는 자몽을 좀 더 달콤하게 즐겨보세요. 과육이 조금만 들어가는 자몽에이드는 항상 아쉬운 마음이 들어요. 자몽을 많이 먹고 싶은 마음에 과육을 큼직큼직하게 올렸어요. 꿀에 절인 자몽은 자몽의 쓴맛을 싫어하는 사람들도 맛있게 먹을 수 있어요.

만드는 법

[1] 메로골드자몽은 과육만 발라내어 꿀을 넣은 뒤 실온에서 20~30분 정도 재워주세요.

[2] 잔에 자몽청을 넣고 얼음을 넣어주세요.
* 얼음 위에 메로골드자몽 과육을 올려야 하니 잔 가득 채워주세요.

[3] 물을 부어주세요.

[4] 얼음 위에 재워둔 자몽 과육을 차곡차곡 올려주세요.

[5] 애플민트로 장식해주세요.

Tip **꿀을 넣어 더욱 달콤해요**

메로골드자몽은 붉은색 자몽보다 쓴맛이 적고 단맛이 강해서 토핑으로 사용하기에 좋습니다. 껍질을 제거하고 자몽 과육을 꿀에 재워 실온에서 20~30분 정도 두세요. 꿀이 스며들어 쓴맛은 사라지고 꿀과 자몽의 달콤함만 남을 거예요.

딸기에이드

strawberry ade

재료

딸기청 50g(p.56 참고)
딸기 1개
탄산수 500ml
레몬밤 적당량
얼음(원형) 5개

딸기를 사용하면 어떤 메뉴든 예뻐지는 것 같아요. 빨간색의 딸기가 무척 신선해 보이고 포인트가 되기 때문이에요. 당도가 제대로 오른 싱싱한 딸기로 딸기청을 만들면 설탕을 많이 넣지 않아도 정말 맛있어요. 생딸기와는 다른 몰캉몰캉한 식감의 달콤한 딸기를 맛볼 수 있답니다.

만드는 법

[1] 잔에 딸기청을 넣어주세요.
[2] 딸기를 1cm 두께로 슬라이스한 뒤 잔 안쪽에 딸기를 붙여주세요.
[3] 잔에 얼음을 넣고 탄산수를 부어주세요.
[4] 레몬밤으로 장식해 파릇파릇함을 더해주세요.

Tip **딸기는 얇게 슬라이스하세요**

딸기는 1.5cm 두께로 슬라이스하세요. 너무 두꺼우면 잔에 밀착되지 않고 미끄러집니다. 딸기를 잔 안쪽에 붙일 때는 둥그렇게 둘러주세요.

유자밀크티

yuja milk tea

재료(2잔 분량)

유자청 30g(p.51 참고)

얼그레이시럽 10ml(p.57 참고)

우유 240ml

얼음(미니 조각) 30g

얼그레이밀크티가 질린다면 유자밀크티를 추천합니다. 유자와 우유의 만남은 뜻밖의 발견이에요. 겨울철 감기에 걸리면 유자차를 마시며 빨리 낫기만을 바랐는데, 이제 유자와 얼그레이의 조합을 알게 되어서 여름에도 유자를 즐겨 마시게 되었답니다.

만드는 법

[1] 셰이커에 유자청과 얼그레이시럽, 얼음을 넣고 흔들어주세요.

[2] 2개의 잔에 **1**을 반씩 넣어주세요.

[3] 우유를 120ml씩 부어주세요.

Tip **유자청과 얼그레이시럽은 셰이커로 섞어주세요**

셰이커는 재료를 잘 섞어주는 편리한 도구입니다. 유자청을 아래에 깔고 시럽과 우유를 부어주면 유자의 맛이 마지막에 살짝 감돌지만 유자청을 얼음과 얼그레이시럽과 함께 골고루 섞어주면 처음부터 끝까지 유자와 얼그레이의 향을 느낄 수 있어요.

무알코올 자몽모히토

non-alcoholic grapefruit mojito

재료

자몽청 20g(p.55 참고)
라임 1개
애플민트 4줄기
사이다 190ml
얼음(미니 조각) 70g
자몽 말린 것 1개

한때 유행이었던 "모히토 가서 몰디브 한잔할래?"가 떠오르는 음료예요. 애플민트와 라임을 넣어 청량감을 주고 목을 시원하게 만드는 자몽을 넣어봤어요. 자몽모히토 한 잔이면 몰디브 부럽지 않은 휴양지에 있는 듯한 기분이 들어요. 이 레시피는 무알코올 음료지만 취향에 따라 럼을 더해서 알코올 음료로 즐겨도 좋아요.

만드는 법

[1] 라임은 과육만 발라낸 뒤 애플민트와 으깨주세요.
[2] 잔에 자몽청을 넣고 **1**을 넣어주세요.
[3] 얼음을 넣고 사이다를 부어주세요.
[4] 애플민트와 얼음이 골고루 퍼지도록 잘 저어주세요.
[5] 자몽 말린 것을 장식해주세요.

Tip **애플민트는 살짝 으깨주세요**

모히토에서 가장 중요한 재료는 라임과 애플민트입니다. 라임이 없다면 라임즙을 사용해도 됩니다. 애플민트는 너무 세게 으깨면 쓴맛이 날 수 있으니 라임은 즙을 낼 정도로, 애플민트는 향을 더하듯 살짝만 으깨주세요.

아기사과에이드

mini apple ade

재료

사과청 30ml(p.54 참고)
사과주스 40ml
탄산수 250ml
아기사과(알프스오토메) 2개
얼음(큰 원형) 1개

아침 사과는 건강에 무척 좋아서 황금 사과라고 하지요. 하루에 사과 하나만 먹으면 의사가 필요 없다는 말도 있고요. 큼직한 사과 한 개를 다 먹기에는 양이 많지만 깎아서 놔두면 색이 변하기 때문에 빨리 먹어야 해요. 하지만 앙증맞은 크기의 아기사과는 먹기도 편하고 양도 부담스럽지 않아요.

만드는 법

[1] 잔에 사과청을 넣어주세요.

[2] 사과주스와 얼음을 넣어주세요.

[3] 탄산수를 붓고 저어주세요.
* 과육이 자연스럽게 위로 올라옵니다.

[4] 아기사과 1개는 슬라이스하고 1개는 반으로 잘라 넣어주세요.

Tip 과일을 넣은 얼음은 장식 효과가 좋아요

에이드를 만들 때 큰 얼음을 사용하면 예쁘기도 하지만 과일을 올려도 잘 가라앉지 않아서 좋아요. 작은 크기의 아기사과를 작게 잘라 원형 얼음틀에 얼음을 얼릴 때 1개씩 넣고 함께 얼리면 예쁜 사과 얼음을 만들 수 있어요.

파인애플커피

pineapple coffee

재료(2잔 분량)

파인애플청 30ml(p.54 참고)

인스턴트 원두커피 2개(18g)

물 200ml

타임 적당량

얼음(미니 조각) 200g

파인애플의 매력은 어디까지일까요. 인위적인 향이 강한 시럽보다 과일의 향긋한 향을 좋아하는데 파인애플은 취향에 딱 맞는 재료입니다. 향은 상큼하고 과육 부분은 수분이 풍부하고 달콤하거든요. 쌉싸름한 커피와도 잘 어울려요. 병에 얼음을 가득 넣고 파인애플청과 커피만 넣어주면 간단하게 만들 수 있어서 더욱 좋은 메뉴입니다.

만드는 법

[1] 인스턴트 원두커피와 물을 섞은 뒤 드립포트에 넣어주세요.

[2] 플라스틱 보틀에 파인애플청을 넣어주세요.

* 입구가 좁은 보틀에는 티스푼으로 조금씩 떠서 넣어주세요.

[3] 얼음과 타임을 넣어주세요.

* 입구가 좁고 얼음을 많이 넣어야 하니 크기가 일정하지 않은 미니 조각 얼음을 사용하세요. 편의점에 판매하는 컵얼음을 사용해도 좋아요.

[4] **1**을 천천히 부어주세요.

Tip **음료를 천천히 부어서 층을 만들어요**

음료를 넣을 때는 무거운 과일청, 얼음, 커피 순서로 천천히 부어주세요. 입구가 뭉툭한 글라스로 확 부어주면 벽면을 타고 흘러서 층이 생기지 않아요. 드립포트처럼 입구가 길쭉한 도구를 사용해 천천히 부어야 자연스럽게 층이 만들어집니다. 마시기 전에 뚜껑을 닫고 흔들어주면 커피와 과일청이 잘 섞입니다.

파인애플식초에이드

pineapple vinegar ade

재료

파인애플청 3큰술(p.54 참고)
탄산수 1병(300ml)
식초 6ml
얼음(큰 원형) 1개
파인애플 슬라이스 한 것 4조각

파인애플식초를 만들까 하다가 남은 과육이 아까워서 청을 만들어서 식초를 더해보았어요. 파인애플식초를 만들고 남은 파인애플 과육은 신맛이 강해서 먹을 수 없지만 파인애플식초에이드의 과육은 오묘한 신맛이 있어서 남은 과육까지 맛있게 먹을 수 있어요.

만드는 법

[1] 잔에 파인애플청을 넣어주세요.
* 과육을 많이 넣어주세요.

[2] 얼음을 넣고 탄산수를 부어주세요.

[3] 식초를 넣고 섞어주세요.

[4] 파인애플을 꼬치에 꽂아 장식해주세요.

Tip **식초는 정확하게 계량해요**

식초가 너무 적게 들어가면 새콤한 맛이 느껴지지 않고 많이 들어가면 시큼한 맛이 강해서 파인애플의 맛을 제대로 느끼기 어렵습니다. 식초는 정확하게 계량해서 넣어야 합니다. 탄산수 1병에 6ml 또는 1작은술만 넣어주세요. 파인애플은 산성이지만 식초는 몸에 들어가면 알칼리성으로 바뀐다고 합니다. 그래서 파인애플과 식초는 궁합이 좋은 재료예요.

딸기홍차

black tea with strawberry

재료

딸기청 20g(p.56 참고)
홍차(얼그레이) 티백 1개
물 100ml
우유 150ml
딸기 2개
로즈메리 1줄기
타임 적당량
얼음(정사각형) 8개

빨갛게 익은 딸기를 얹어 푸른 숲 속에 핀 딸기의 싱그러움을 표현했습니다. 흔히 복숭아아이스티를 즐겨 마시지만 딸기와 홍차를 우려 색다른 아이스티를 만들어보았어요. 향긋한 딸기 향이 코를 자극하고 싱싱한 딸기를 시원하고 달콤하게 즐길 수 있어요. 부드러운 우유 거품이 홍차와 섞이면 딸기홍차의 맛이 제대로 느껴져요.

만드는 법

[1] 물을 끓인 뒤 홍차 티백을 넣고 2분 정도 우린 다음 티백을 빼주세요.

[2] 딸기는 꼭지를 제거하고 반으로 잘라주세요.

[3] 잔에 딸기청을 부어준 뒤 홍차와 얼음을 넣고 잘 섞어주세요.

[4] 우유를 전자레인지에 40초 정도 따뜻하게 데운 뒤 전동거품기를 1분 정도 돌려 거품을 만들어주세요.

[5] 폭신한 거품을 **3**에 올려주세요.

[6] 딸기를 거품 위에 살며시 올린 뒤 로즈메리와 타임을 꽂아주세요.

Tip **딸기는 길게 이등분하세요**

딸기의 길쭉한 모양이 잘 살아나도록 길이로 이등분합니다. 세로로 길쭉한 딸기를 사용하면 더욱 예뻐요. 여기에 로즈메리와 타임을 살짝 꽂아주면 마치 숲 속의 딸기나무 같은 느낌이 들지요.

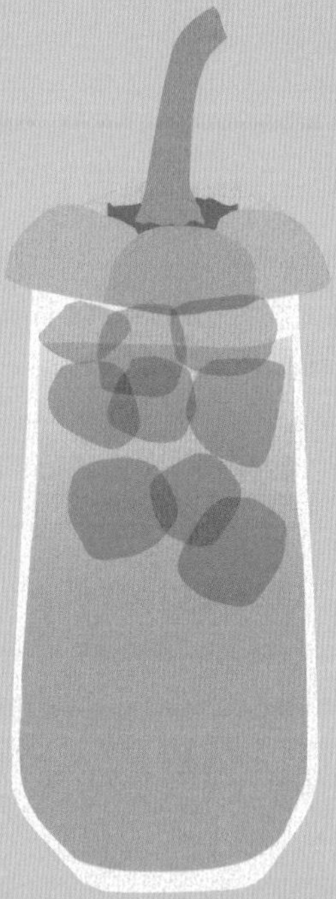

2_ 생과일

그대로 먹을 수 있는 싱싱한 과일에
채소나 유제품을 더해 건강하고 신선한
음료를 만들었습니다.

체리코코넛스무디

cherry and coconut milk smoothie

재료

체리 20개
코코넛밀크 70ml
우유 140ml
연유 45g
얼음(미니 사각) 16개

달콤하고 새콤한 체리는 씨를 제거하는 것이 조금 번거롭지만 반으로 잘랐을 때 톡 튀어나오는 씨를 빼는 것도 또 다른 재미입니다. 체리 가운데 칼집을 내서 한 바퀴 돌린 뒤 반으로 나누면 씨가 빠져나와서 쉽게 제거할 수 있습니다. 이제 체리는 귀찮은 과일이 아니라 빨간색의 맛있는 과일이에요!

만드는 법

[1] 체리는 반으로 자르고 씨를 제거해주세요.
[2] 블렌더에 코코넛밀크와 우유 50ml, 얼음을 넣고 곱게 갈아주세요.
[3] 잔에 **2**를 담아주세요.
[4] 블렌더에 12개분의 체리와 연유, 우유 90ml를 넣고 갈아주세요.
[5] **4**의 체리우유를 잔에 담아주세요.
[6] 남은 8개분의 체리를 층층이 쌓아주세요.

Tip 코코넛밀크는 부드럽게 갈아주세요

코코넛밀크는 질감이 걸쭉하기 때문에 우유를 약간 넣고 부드럽게 갈아야 합니다. 코코넛밀크가 뭉쳐 있으면 체리와 잘 섞이지 않고 이가 시릴 수도 있습니다. 부드러운 체리코코넛스무디는 코코넛의 고소함과 체리의 달콤함이 잘 어우러져요.

망고스무디

mango smoothie

재료(2잔 분량)

망고 2개
떠먹는 요구르트 2개 (166ml)
휘핑크림 100ml
코코넛밀크 30ml
얼음(미니 사각) 10개

동남아의 여름을 상징하는 망고는 반으로 가른 다음 칼집을 내서 생으로 먹는 게 제일 간단합니다. 하지만 샐러드, 퓨레, 스무디 등으로도 다양하게 즐길 수 있어요. 어떤 재료나 음료와도 잘 어우러지며 요구르트와 코코넛밀크를 넣으면 이국적인 맛이 더해집니다.

만드는 법

[1] 망고는 반으로 가른 뒤 과육만 잘라내세요. 껍질을 뒤집으면 과육을 쉽게 발라낼 수 있어요. 1cm 큐브 모양으로 6조각 자른 뒤 장식용으로 따로 두세요.

[2] 블렌더에 장식용을 제외한 망고와 요구르트를 넣고 갈아주세요.

[3] 볼에 휘핑크림과 코코넛밀크를 넣고 핸드블렌더로 30초 정도 빠르게 휘핑해 크림 상태로 만들어주세요.

[4] 잔에 얼음을 넣고 **2**를 부어주세요.

[5] **3**의 코코넛크림을 숟가락으로 떠서 올려주세요.

[6] 장식용 망고를 3조각씩 살짝 얹어주세요.

Tip **휘핑크림과 코코넛밀크를 함께 사용해요**

휘핑크림에 코코넛밀크를 넣으면 설탕을 넣지 않아도 밀도가 높은 크림을 만들 수 있어요. 스무디에 얹었을 때 가라앉지 않고 층을 만들고 과일을 토핑으로 올리기도 편합니다.

너츠바나나스무디

nuts and banana smoothie

재료

바나나 2개
견과류(호두, 아몬드, 캐슈너트) 25g
우유 200ml
꿀 30g
초콜릿과자(바나나킥) 2개
얼음(사각형) 4개

바나나는 음료를 만들 때나 브런치를 만들 때 자주 활용하는 과일입니다. 하나만 먹어도 배가 든든해지지요. 견과류의 고소한 맛과 바나나의 달콤한 맛이 만나면 한 끼 식사로도 손색없는 훌륭한 스무디가 탄생합니다. 가격이 저렴하고 사계절 내내 즐길 수 있어서 더 부담 없고 고마운 과일입니다.

만드는 법

[1] 바나나는 3~4조각을 둥글게 슬라이스해서 장식용으로 남겨둔 뒤 나머지는 작게 잘라주세요.

[2] 블렌더에 바나나, 견과류, 우유, 꿀, 얼음을 넣고 곱게 갈아주세요.

[3] 잔에 **2**의 스무디를 부어주세요.

[4] 초콜릿과자와 슬라이스한 바나나로 장식해주세요.

Tip **견과류는 거칠게 갈아주세요**

바나나는 껍질에 검붉은 반점이 있고 무른 것을 사용하면 더 달콤합니다. 호두, 아몬드, 캐슈너트 같은 견과류는 바삭바삭한 식감을 느낄 수 있도록 살짝 거칠게 갈아주어도 좋습니다.

키위수박스무디

kiwi and watermelon smoothie

재료

수박 100g
키위 2개
물 50ml
소금 약간
얼음(미니 조각) 70g

수박은 여름을 상징하는 과일입니다. 수분이 가득 찬 빨간색 과육을 한 입 베어 물면 더위가 저만큼 물러나지요. 저는 수박을 그대로 먹기보다는 갈아서 먹는 것을 좋아합니다. 수박의 달콤함이 더 진해지는 것 같아서요. 달콤하고 갈증 해소에도 좋은 키위수박스무디를 소개합니다.

만드는 법

[1] 블렌더에 수박과 소금을 넣고 갈아주세요.
* 수박은 수분이 많아서 물을 넣지 않아도 됩니다. 소금은 수박의 단맛을 끌어올려줍니다.

[2] 키위 ½개를 모양대로 둥글게 슬라이스해주세요.

[3] 잔 안쪽에 키위를 붙여주세요.

[4] 블렌더에 나머지 키위와 물을 넣고 간 뒤 잔에 부어주세요.

[5] 잔에 얼음을 넣고 **1**의 수박스무디를 천천히 넣어주세요.

Tip **색과 무게가 다른 과일로 층을 만들어요**

키위와 수박의 층을 확실히 나누기 위해서는 수박을 더 가볍게 만들어야 합니다. 착즙을 하거나 건더기를 걸러내는 것이지요. 맛도 더 깔끔하게 즐길 수 있어요. 저는 묵직하게 과육 그대로 먹는 것을 좋아해서 따로 건더기를 걸러내지 않았습니다.

아보카도스무디

avocado smoothie

재료

아보카도 1개

아몬드밀크 190ml

녹차 아이스크림 60g

얼음(미니 사각) 15개

설거지거리를 줄이고자 하는 마음에 아보카도의 껍질을 그릇으로 사용해보았어요. 아보카도를 반으로 자르고 과육을 파낸 뒤 아보카도스무디를 담고 씨를 올리면 진짜 아보카도 같아요. 껍질을 보고만 있어도 귀여운 메뉴입니다.

만드는 법

[1] 아보카도를 반으로 자른 뒤 씨를 칼로 찔러서 제거해주세요.

[2] 제거한 씨를 깨끗하게 씻고 과육과 껍질을 분리해주세요.

[3] 블렌더에 아보카도 과육, 아몬드밀크, 녹차 아이스크림, 얼음을 넣고 되직하게 갈아주세요.

[4] **3**을 냉동실에 5분 정도 넣어두었다 살짝 굳으면 꺼내주세요.

[5] 아보카도 껍질에 **4**를 담고 씨를 가운데 올려주세요.

* 아보카도 씨 대신 먹을 수 있는 재료를 쓰고 싶다면 초콜릿 셸을 사용하면 됩니다.

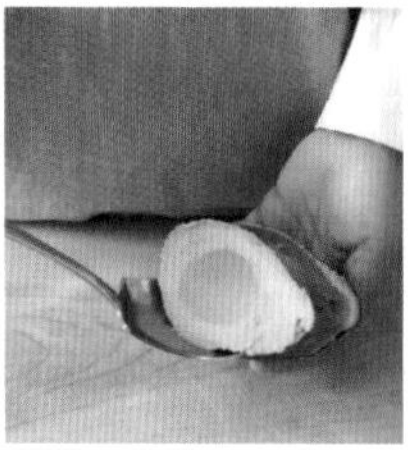

Tip **잘 익은 아보카도를 사용하세요**

아보카도는 색이 아직 초록색인 것보다 거뭇거뭇 반점이 생기고 검정색으로 변하기 직전의 상태가 잘 익은 것이에요. 잘 익은 아보카도는 반으로 잘라서 씨와 과육을 분리하기가 쉬워요. 면적이 넓은 숟가락을 사용해 조심스럽게 과육을 분리해주세요.

사과케일주스

apple kale juice

재료(2잔 분량)

사과 2개
케일 5장
레몬 ½개
치커리 2장
물 200ml
얼음(정사각형) 10개

사과와 케일은 무척 잘 어울리는 재료입니다. 케일의 쓴맛을 사과의 단맛이 잡아주고, 식이섬유도 풍부하거든요. 몸에 좋은 케일을 먹고 싶지만 케일의 쓴맛을 좋아하지 않는다면 사과케일주스를 추천합니다. 파릇파릇한 주스 한 잔으로 가벼운 아침을 시작해보세요.

만드는 법

[1] 케일은 씻어서 물기를 제거하고 사과는 잘 갈리도록 잘라주세요.
[2] 레몬은 스퀴저로 즙을 내주세요.
[3] 블렌더에 사과, 케일, 레몬즙, 물, 얼음을 넣고 곱게 갈아주세요.
[4] 잔에 **3**을 나눠 붓고 치커리로 장식해주세요.

Tip **사과와 레몬으로 케일의 쓴맛을 중화시켜요**

케일은 잎이 무척 큽니다. 성인의 얼굴보다 더 커서 물 100ml를 기준으로 2장 정도 넣으면 충분합니다. 케일의 맛이 부담스럽다면 과일을 넣어보세요. 사과는 케일의 쓴맛을 잡아주고 레몬즙은 케일의 비릿한 향을 깔끔하게 잡아줍니다.

오렌지셔벗에이드

orange sherbet ade

재료

오렌지 3개
사이다 250ml
설탕 25g
올리고당 5g
탄산수 300ml
얼음(원형) 6개

진하고 풍부한 맛의 아이스크림을 좋아하지만 칼로리가 부담스러워 쉽게 손이 가지 않아요. 건강에도 좋지 않을 것 같고요. 그럴 때는 홈메이드 셔벗을 만듭니다. 생과일로 만들어서 칼로리도 부담스럽지 않고 새콤하고 달콤해서 더 맛있어요. 만드는 과정도 간단해서 더위를 식히기에 더없이 좋은 메뉴입니다.

만드는 법

[1] 오렌지 2개의 과육을 발라냅니다.

[2] 볼에 발라낸 오렌지 과육과 사이다를 넣고 핸드블렌더로 곱게 갈아주세요.

[3] **2**를 트레이에 붓고 냉동실에서 1시간 30분 정도 얼려주세요.

[4] **3**을 꺼내서 포크로 살살 긁은 뒤 다시 냉동실에서 4시간 정도 얼려주세요.

[5] 오렌지 1개의 과육을 발라내고 설탕과 올리고당을 넣고 섞어주세요.

[6] 잔에 **5**를 넣고 얼음과 탄산수를 넣어주세요.

[7] 오렌지셔벗을 꺼내 3분 정도 두었다가 포크로 긁어낸 뒤 꾹꾹 눌러서 스쿱에 담아주세요.

[8] **6**에 오렌지셔벗을 올려주세요.

Tip **셔벗은 곱게 갈아주세요**

셔벗은 입자가 큼직한 것보다 작은 것이 좋습니다. 핸드블렌더로 곱게 갈아서 얼려주세요. 포크로 긁을 때도 조심스럽게 살살 긁어주세요. 입자가 굵으면 스쿱에서 옮길 때 얼음이 흩어져서 모양을 잡기가 어려워요.

방울토마토바질에이드

cherry tomato and basil ade

재료

방울토마토 5개
화이트와인 40ml
설탕시럽 20ml(p.74 참고)
탄산수 190ml
바질잎 4장
얼음(원형) 8개

향긋함이 매력적인 바질과 감칠맛이 나는 방울토마토는 무척 궁합이 좋은 재료예요. 파스타, 샐러드, 피자 등 다양한 요리에 사용되지요. 그래서 방울토마토바질에이드를 마시면 마치 파스타나 샐러드를 먹는 듯한 기분까지 들어요. 화이트와인을 넣으면 더 독특하게 즐길 수 있어요. 특별한 음료가 마시고 싶을 때 생각이 납니다.

만드는 법

[1] 방울토마토는 꼭지를 떼고 윗부분에 십자 모양으로 칼집을 낸 뒤 끓는 물에 20초 정도 담갔다 건져서 껍질을 벗기세요.
[2] 볼에 방울토마토, 화이트와인, 설탕시럽을 넣고 허니디퍼로 으깨주세요.
[3] 잔에 **2**를 넣고 얼음을 채워주세요.
[4] 바질잎을 넣고 탄산수를 부어주세요.

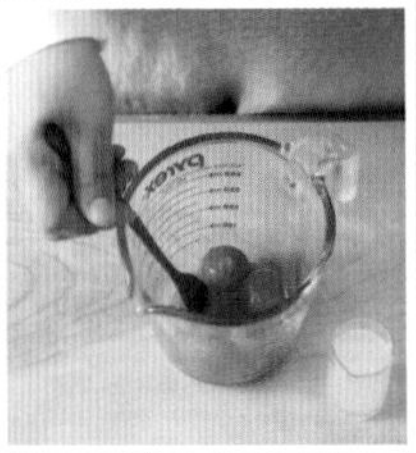

Tip **방울토마토는 살짝 으깨주세요**

방울토마토의 과즙과 화이트와인이 잘 섞이도록 방울토마토는 즙을 짜듯 살짝만 으깨주세요. 과육을 어느 정도 남겨두면 식감을 더할 수 있습니다.

딸기라테

strawberry latte

재료

딸기 15개
설탕 30g
레몬즙 10ml
우유 150ml
딸기 아이스크림 50g
슈가파우더 2g
얼음(정사각형) 6~7개

딸기 시즌이 되면 여기저기에서 볼 수 있는 딸기 음료입니다. 상큼한 딸기와 고소한 우유가 어우러지는 맛 덕분에 사계절 내내 먹고 싶은 메뉴예요. 딸기는 무르지 않은 싱싱한 것으로 고릅니다. 꼭지 아랫부분까지 빨갛게 잘 익고 꼭지가 선명한 초록색을 띠는 것이 좋아요.

만드는 법

[1] 볼에 딸기 6개와 설탕을 넣고 섞어주세요.

[2] 설탕이 녹으면 냄비에 넣고 중불에서 끓여주세요. 거품이 생기면 거품을 걷어내세요.

[3] 레몬즙을 넣고 3분 정도 끓인 뒤 불을 끄고 한 김 식혀서 딸기콩포트를 만들어주세요.

[4] 잔에 얼음과 우유를 부어주세요.

[5] **3**의 딸기콩포트를 부어주세요.

[6] 딸기 아이스크림을 동그랗게 떠서 잔 위에 올려주세요.

[7] 딸기 9개는 꼭지 부분을 자르고 길이로 2등분한 뒤 아이스크림에 띠를 두르듯 쌓아주세요.

[8] 슈가파우더를 체 쳐서 눈이 내리듯 뿌려주세요.

Tip **딸기콩포트는 한 번 먹을 양만 만드세요**

딸기콩포트는 간단하게 만들 수 있으니 그때그때 사용할 만큼만 만드는 것이 좋아요. 설탕을 많이 넣지 않아서 딸기의 맛은 살리고 과육이 먹음직스러워요. 우유 위에 부어주면 과육은 가라앉고 우유와 섞여서 분홍색의 예쁜 라테를 만들 수 있어요.

200
100

멜론에이드

melon ade

재료

멜론 ½통
레몬즙 2큰술
꿀 30g
탄산수 300ml
얼음(원형) 6개

일본에 가면 멜론소다를 자주 마셔요. 소다에 멜론시럽을 넣은 달콤한 음료인데 한국에서는 잘 볼 수 없는 메뉴지요. 한 번 만들어보고 싶었는데 멜론시럽을 구할 수가 없어서 도전하지 못했어요. 그 아쉬움을 달래기 위해 멜론을 넣은 에이드를 만들어보았어요. 멜론의 달콤함과 레몬의 새콤함이 만나 새콤달콤한 멜론에이드가 탄생했습니다. 바닐라 아이스크림을 올리면 더 풍부한 맛의 에이드가 돼요.

만드는 법

[1] 화채 스쿱으로 멜론의 속을 동그랗게 파주세요. 11~12알을 떠낸 뒤 나머지는 과육만 잘라주세요.

[2] 블렌더에 자른 멜론 과육과 레몬즙 1큰술, 꿀을 넣고 갈아주세요.

[3] 잔에 **2**의 멜론을 넣고 얼음과 둥근 멜론을 넣어주세요.

[4] 레몬즙 1큰술을 넣고 탄산수를 부어주세요.

Tip 화채 스쿱을 사용해요

멜론은 화채 스쿱을 사용해 먹기 좋은 크기로 동그랗게 파주세요. 씨를 제외한 몰캉한 부분이 가장 당도가 높아요. 속살과 껍질은 0.5cm 정도의 여유를 두고 과육을 파내주세요. 멜론 껍질의 단단한 부분은 달콤한 멜론의 맛을 방해할 수 있어요.

파프리카귤주스

paprika and tangerine juice

재료

파프리카(노란색) 1개
귤 3개
물 80ml
얼음(정사각형) 5개

파프리카는 아삭아삭하고 비타민도 풍부하지만 좋아하지 않는 사람들도 있습니다. 평소에 파프리카를 잘 먹지 않아도 귤과 함께 주스를 만들면 맛있어서 누구나 잘 먹을 수 있어요. 맛있는 파프리카귤주스로 몸에 좋은 파프리카의 섭취를 늘려보세요.

만드는 법

[1] 칼로 파프리카의 씨와 흰 부분을 모두 파내주세요.
[2] 블렌더에 파프리카와 귤, 물을 넣고 갈아주세요.
[3] 잔에 **2**를 붓고 얼음을 넣어주세요.
[4] 잘라둔 파프리카 꼭지 부분을 뚜껑처럼 올려주세요.

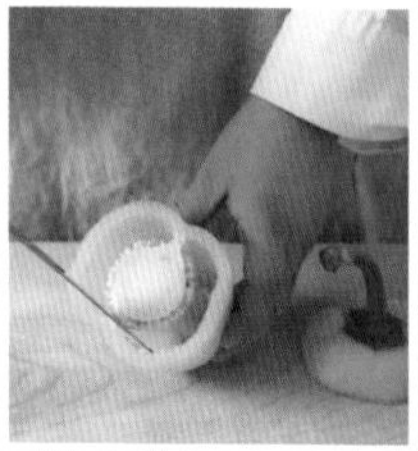

Tip **파프리카 꼭지 부분을 남겨두세요**

파프리카를 손질할 때 꼭지 부분은 장식용으로 잘라둡니다. 파프리카 심이 연결된 부분을 자르고 손으로 심을 잡아당기면 파프리카를 깔끔하고 간단하게 손질할 수 있어요.

딸기요구르트스무디

strawberry and yogurt smoothie

재료

딸기 8개
마시는 요구르트 130ml
그릭요구르트 95g
레몬밤 적당량
얼음(원형) 7~8개

딸기는 끝없이 다채로운 메뉴를 만들 수 있는 과일입니다. 딸기 음료를 만들 때는 냉동 딸기를 사용해도 되지만 생딸기를 사용했을 때의 싱싱한 향과 예쁜 색은 따라갈 수 없어요. 요구르트를 넣어 유산균까지 풍부해서 한 잔 가득 마셔도 속이 편하고 든든하답니다.

만드는 법

[1] 딸기 7개의 꼭지를 제거하고 마시는 요구르트 50ml를 넣고 블렌더에 갈아주세요.

[2] 잔에 얼음을 넣고 **1**을 부은 뒤 마시는 요구르트 80ml를 넣어주세요.

[3] 그릭요구르트를 반달 모양으로 떠서 넣어주세요.

[4] 나머지 딸기 1개로 장식해주세요. 레몬밤을 딸기 옆에 살짝 꽂아주세요.

Tip 그릭요구르트와 마시는 요구르트를 함께 사용하세요

그릭요구르트는 설탕과 향료가 들어가지 않아 인위적인 맛이 느껴지지 않아요. 또한 질감이 꾸덕하고 단단해서 층이 잘 생기고 맛이 진해서 장식을 하기에 적합합니다. 마시는 요구르트를 함께 넣어 너무 뻑뻑하지 않도록 농도를 조절해주세요.

블루베리스무디

blueberry smoothie

재료(2잔 분량)

블루베리 120g
아가베시럽 50ml
우유 600ml
휘핑크림(스프레이) 40g
블루베리 3~4알(장식용)
애플민트 적당량
얼음(정사각형) 3~4개

블루베리는 눈에 좋은 과일로 유명하지요. 신맛이 있지만 건강에 좋다는 이유로 많이들 챙겨 먹는데 스무디로 만들면 신맛이 덜해서 맛있게 즐길 수 있어요. 블루베리스무디의 단맛과 신맛 덕분에 눈을 찡긋하게 되니 눈 건강이 좋아지는 게 아닐까 심심한 생각을 해 봅니다.

만드는 법

[1] 블루베리와 아가베시럽을 블렌더에 넣고 갈아주세요.
[2] 잔에 우유와 얼음을 넣어주세요.
[3] **1**을 잔 안쪽에 밀착해서 부어주세요.
[4] 컵 윗부분에 휘핑크림을 동그랗게 2바퀴 둘러주세요.
* 스프레이형 휘핑크림을 사용하면 간편합니다. 일반 생크림을 사용한다면 휘핑한 뒤 짤주머니에 넣고 물결무늬 깍지를 끼고 짜주세요.
[5] 블루베리 3~4알을 올리고 애플민트로 장식해주세요.

Tip **설탕 대신 아가베시럽을 사용하세요**

아가베시럽은 아가베 선인장에서 단맛을 추출한 시럽으로 비타민과 미네랄이 함유되어 있습니다. 설탕과 꿀보다 당도가 높고 덜 끈적이고 자연스러운 단맛을 가지고 있어요. 하지만 몸에 좋은 것도 과하게 섭취하면 독이 되는 것처럼 많은 양을 섭취하지 않도록 주의하세요.

화이트샹그리아

white wine sangria

재료

오렌지 ½개
키위 ½개
청포도 7알
딸기 3개
블루베리 6알
탄산수 250ml
화이트와인 250ml

화이트와인에 각종 과일을 넣은 샹그리아는 파티 분위기를 내기도 좋고 집에 과일이 많아서 처리하기 곤란할 때 만들기 좋아요. 한 잔씩 마시다 보면 금세 사라져버릴 거예요. 바삭바삭한 과자와 잘 어울리고 치즈나 샐러드와도 잘 어울려요. 맛있는 과자와 치즈 한 조각, 화이트샹그리아만 있다면 평범한 일상도 파티 같은 느낌이 들 거예요.

만드는 법

[1] 물에 베이킹파우더를 넣고 과일을 담가두었다 건져서 흐르는 물에 깨끗하게 씻어주세요.

[2] 오렌지와 키위는 껍질을 제거하고 과육을 발라주세요.

[3] 청포도, 딸기, 블루베리는 반으로 자르거나 슬라이스해주세요.

[4] 유리병에 과일을 차곡차곡 넣어주세요.

[5] 탄산수와 화이트와인을 붓고 냉장고에서 3~4시간 정도 숙성시키세요.

* 샹그리아는 숙성이 될수록 과일의 단맛이 배어 더 맛있습니다.

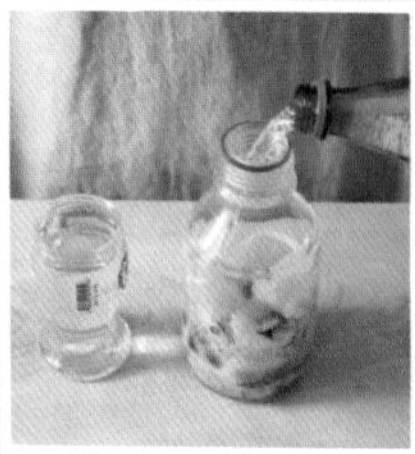

Tip **단맛을 좋아하면 사이다를 넣어주세요**

살짝 단맛이 있는 화이트와인을 사용하면 적당하게 달콤한 샹그리아를 맛볼 수 있어요. 과일의 단맛이 스며들기 때문에 너무 달지 않도록 탄산수로 조절해주면 좋아요. 단맛을 좋아한다면 탄산수 대신 사이다를 사용하면 됩니다.

TEA

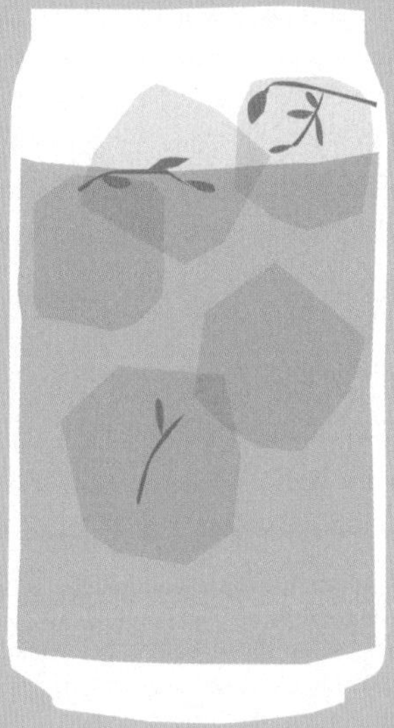

1_ 말차와 녹차

요즘 트렌디한 카페에서는 말차와 녹차 음료를 빼놓을 수 없습니다. 녹차는 시원하게 즐길 때 그 매력이 더욱 드러나지요. 차를 잘 알지 못해도 맛있게 마실 수 있는 레시피를 소개합니다.

말차커피라테

matcha coffee latte

재료

말차 3g
물 20ml
연유 45g
우유 250ml
에스프레소 30ml
얼음(정사각형) 10개

세 개의 층이 무척 예쁜 메뉴예요. 말차와 쌉싸름한 에스프레소가 잘 어울릴까 의문이 들었는데 막상 마셔보니 생각보다 잘 어울려 깜짝 놀란 음료입니다. 커피와 말차의 조화가 무척 매력적이지요. 말차는 녹차보다 쌉싸름해서 풍미가 진한 것이 좋다면 말차를, 부드러운 맛과 향을 원한다면 녹차파우더를 사용하면 좋아요.

만드는 법

[1] 물을 끓인 뒤 말차를 넣고 곱게 풀어주세요.
* 덩어리가 생기면 텁텁해져요.

[2] 말차에 연유를 넣고 섞어주세요.

[3] 잔에 얼음을 넣고 연유를 섞은 말차를 부어주세요.

[4] 우유를 부어주세요.

[5] 에스프레소를 천천히 부어주세요.

Tip **농도가 진한 재료를 먼저 넣어요**

층을 분리할 때 농도가 진한 말차를 아랫부분에 넣고 우유와 에스프레소 순서로 천천히 부어주면 세 가지 층이 만들어집니다. 에스프레소는 주둥이가 뾰족한 글라스에 담아 천천히 붓거나 얼음 위로 부어주세요. 우유와의 온도차로 인해 예쁜 층이 생길 거예요.

말차라테

matcha latte

재료

말차 4g
물 30ml
바닐라시럽 25ml(p.58 참고)
우유 300ml
얼음(원형) 10개

말차라테는 저의 시그너처 메뉴로 한 번에 두 잔을 마실 정도로 좋아합니다. 말차의 쌉싸름한 맛을 좋아하지 않는 사람들도 무척 좋아한 음료지요. 녹차 아이스크림까지 올리면 말차의 달콤하면서 쌉싸름한 매력에 단번에 빠질 수 있습니다.

만드는 법

[1] 물을 뜨겁게 끓인 뒤 말차를 넣고 녹여주세요.
* 티스푼으로 으깨듯이 녹이거나 차선을 사용하세요.

[2] **1**에 바닐라시럽을 넣고 섞어주세요.

[3] 잔에 얼음과 우유를 넣어주세요.
* 말차라테는 길쭉한 잔이 잘 어울려요!

[4] **2**의 말차를 잔 안쪽 벽에 밀착해서 부어주세요.

Tip **바닐라시럽은 말차의 비린 맛을 잡아줘요**

예쁜 그러데이션을 만들기 위한 포인트는 바닐라시럽입니다. 밀도가 있는 말차를 진하게 녹여서 잔에 부어주면 흐르는 듯한 그러데이션을 연출할 수 있어요. 바닐라시럽이 말차 특유의 비린 맛도 잡아줍니다.

말포가토

matcha affogato

재료

말차 3g
물 15ml
설탕 20g
우유 40ml
생크림 20ml
녹차 아이스크림 1스쿱
에스프레소 20ml

아이스크림 위에 에스프레소를 부어서 먹는 보통의 아포가토가 아니라 생크림, 아이스크림, 에스프레소를 한 번에 즐길 수 있는 메뉴예요. 달콤한 녹차 아이스크림으로 달콤함을 느끼고 얼린 생크림의 서걱서걱한 식감에 뜨거운 에스프레소가 스며든 말차우유를 으깨면 마치 슬러시처럼 즐길 수 있어요.

만드는 법

[1] 물을 뜨겁게 끓인 뒤 말차와 설탕을 넣고 녹여주세요.

[2] **1**에 우유를 넣고 섞어주세요.
* 가당 말차를 사용한다면 우유는 25ml, 설탕은 10g으로 줄여주세요.

[3] 잔에 **2**의 말차우유를 부은 뒤 냉동실에서 2~3시간 정도 얼려주세요.
* 듀라렉스 피카디 220ml 컵을 사용했어요. 말차우유는 여름에는 반나절, 겨울에는 2~3시간 정도 얼리면 됩니다.

[4] 얼린 말차우유 잔에 생크림을 넣고 다시 냉동실에서 30분 정도 얼려주세요.

[5] **4**를 꺼내고 생크림 위에 녹차 아이스크림을 한 스쿱 크게 올려주세요.

[6] 아이스크림 위에 쪼르르 물줄기가 떨어지듯이 에스프레소를 천천히 따라주세요.
* 길이가 긴 스푼으로 아이스크림과 생크림, 말차우유를 함께 떠먹으면 됩니다.

Tip 스쿱으로 아이스크림 형태를 잡아요

아이스크림을 동그랗게 올리기 위해서 스쿱을 사용합니다. 스쿱을 따뜻한 물에 한 번 헹군 뒤에 테이블스푼으로 아이스크림을 조금씩 펴서 스쿱에 담고 빈 공간 없이 꾹꾹 눌러주세요. 윗면을 부드럽게 펴서 정리한 뒤 냉동실에 5~10분 정도 두었다 사용합니다. 아이스크림이 빨리 녹지 않고 차가움도 더 오래 즐길 수 있어요.

말차프라푸치노

matcha frappuccino

재료

말차 6g
생크림 100ml
설탕 20g
우유 210ml
연유 15g
시나몬시럽 15ml(p.59 참고)
녹차 아이스크림 50g
얼음(정사각형) 15개
말차(장식용) 약간

말차와 얼음을 함께 담은 프라푸치노를 한 스푼 떠서 먹으면 혀에 감도는 시원한 맛과 목으로 넘어가는 생크림의 부드러움을 동시에 느낄 수 있어요. 녹차 아이스크림을 넣어서 다른 디저트가 없어도 달콤함까지 즐길 수 있답니다.

만드는 법

[1] 높이가 높은 볼에 생크림과 설탕을 넣고 핸드블렌더로 1분 30초 정도 섞어주세요.

[2] 블렌더에 말차와 우유를 넣고 초고속으로 빠르게 한 번 갈아주세요.

[3] **2**에 연유, 시나몬시럽, 녹차 아이스크림, 얼음을 넣고 블렌더 강 단계로 40초, 약 단계로 10초 정도 갈아주세요.

[4] **3**을 잔에 담고 **1**의 생크림을 스쿱으로 퍼서 동그랗게 올려주세요.

[5] 말차를 체 쳐서 살짝 뿌려주세요.

Tip **크림은 단단하게 만드세요**

크림이 단단해야 스쿱으로 뜰 때 형태를 잘 잡을 수 있어요. 휘핑할 때는 핸드블렌더를 시계 반대 방향으로 돌려서 거친 질감을 만들어주고 마지막에 시계 방향으로 돌려서 질감을 정리해주세요.

유자녹차블렌디드

yuja green tea ice blended

재료

녹차 티백 1개
물 100ml
유자청 60g(p.51 참고)
얼음(정사각형) 20개

유자청을 만들어두면 사계절 내내 시원하고 달콤한 유자를 즐길 수 있어요. 유자는 레몬과 사과보다도 더 많은 비타민 C가 함유되어 있어서 자외선이 강한 계절에 꾸준히 먹으면 특히 도움이 되지요. 유자차뿐만 아니라 색다른 메뉴에도 도전해보세요.

만드는 법

[1] 물을 끓인 뒤 녹차 티백을 넣고 5분 정도 우려주세요.

[2] 우려낸 녹차와 얼음을 믹서에 넣고 강으로 20초 정도 빠르게 갈아주세요.

[3] **2**에 유자청 45g을 넣은 뒤 50초에서 1분 정도 곱게 갈아주세요.
* 유자 껍질과 과육을 많이 넣을수록 맛과 향이 살아납니다.

[4] 잔에 **3**의 유자녹차블렌디드를 산처럼 쌓아주세요.

[5] 마지막으로 유자청 15g을 올려주세요.

Tip **녹차는 뜨거운 물에 우리세요**

뜨거운 물에 녹차 티백을 계속 넣어두면 마실 때와 마시고 난 뒤에도 떫은맛밖에 남지 않아요. 뜨거운 물에서 5분만 진하게 우려주세요. 얼음이 녹아도 맛이 연해지지 않고 녹차의 맛이 유자와 은은하게 어우러지는 것을 혀끝에서 느낄 수 있습니다.

녹차크림라테

green tea cream latte

재료

녹차파우더 5g
우유 200ml
꿀 2큰술
휘핑크림 70ml
설탕 15g
얼음(큰 원형) 1개

어렸을 때는 녹차의 깊은 맛을 알지 못해서 쓴맛이 나는 녹차를 왜 마실까 싶었는데 지금은 없어서 못 먹을 정도예요. 깊은 맛을 가진 녹차에 하얀 크림을 올려 푸른 초원에 소복하게 눈이 내린 모습을 가진 음료를 만들어보았어요. 크림이 올라간 메뉴는 쿠키와 잘 어울려요. 쿠키를 크림에 찍어서 먹으면 그 달콤함에 기분까지 좋아지지요.

만드는 법

[1] 냄비에 녹차파우더, 우유, 꿀을 넣고 중불에서 1분 30초에서 2분 정도 끓이면서 재료를 녹여주세요.

[2] 끓인 녹차우유는 한 김 식혀주세요.

[3] 높이가 높은 볼에 휘핑크림과 설탕을 넣고 전동거품기로 1분 정도 휘핑해주세요.
* 단단한 질감이 아닌 흐르는 듯한 질감으로 만들어주세요.

[4] 잔에 녹차우유와 얼음을 담고 숟가락으로 휘핑크림을 떠서 올려주세요.

Tip **녹차파우더는 뜨거운 우유에 녹여주세요**

설탕이 들어 있지 않은 녹차파우더를 찬물에 녹이면 덩어리가 생겨서 깔끔하지 않고 뒷맛도 텁텁할 수 있어요. 뜨거운 우유에 녹이면 부드럽게 잘 녹습니다. 우유를 끓여 우유의 단맛을 높이고 꿀을 더해 달콤하고 담백한 맛을 배가시킬 수 있어요.

레몬녹차

lemon green tea

재료

녹차 티백 1개
물 250ml
레몬 1개
설탕 20g
타임 1줄기
얼음(미니 조각) 50g

어느 날 편의점에서 판매하는 레몬녹차를 마셔보았어요. 레몬을 넣었다고 믿을 수 없을 정도로 달콤하고 맛있었지만 너무 달아서 자주 마시기에는 조금 부담스러웠어요. 그래서 저만의 방법으로 레몬녹차를 만들어보았습니다. 단맛이 줄고 더 담백해졌지요.

만드는 법

[1] 70~80℃ 정도의 물에 녹차 티백을 넣고 2분 30초 정도 우려주세요.

[2] 레몬은 길이로 이등분한 뒤 ½개는 웨지 모양으로 썰고 ½개는 스퀴저로 착즙해주세요.

[3] 착즙한 레몬즙에 설탕을 넣고 녹여주세요.

[4] 잔에 우린 녹차와 레몬즙을 부어주세요.

[5] 얼음을 채우고 레몬 2조각을 곁들여요.

[6] 기호에 따라 타임을 올려도 좋아요.

Tip **레몬즙에 설탕을 넣어 신맛을 중화해요**

레몬즙만 넣으면 신맛이 너무 강해서 거부감이 들 수 있으니 설탕을 넣어주세요. 시럽을 넣으면 겉도는 느낌이 들 수도 있지만 설탕은 레몬즙에 부드럽게 녹아 입맛이 도는 새콤하고 달콤한 맛으로 바뀔 거예요. 설탕이 완전히 녹을 수 있도록 10분 정도 방치해주세요.

말차에이드

matcha ade

재료

말차 5g
물 200ml
탄산수 320ml
허브 얼음(사각형) 12개

기름진 음식을 먹고 나면 속이 더부룩하잖아요. 그럴 때 말차에이드를 마시면 입안이 개운해집니다. 탄산수에 말차를 녹여서 만드는 간단한 메뉴입니다. 말차베이스를 먼저 잔에 붓고 탄산수를 넣으면 부글부글 끓어올라서 넘칠 걱정없이 예쁜 비주얼을 완성할 수 있습니다. 탄산수 대신 사이다를 사용하면 좀 더 달콤하게 즐길 수 있어요.

만드는 법

[1] 물을 끓인 뒤 말차를 넣고 차선으로 잘 섞어주세요.
[2] 잔에 허브 얼음을 넣어주세요.
[3] **1**의 말차를 잔에 부어주세요.
[4] 탄산수를 부어주세요.

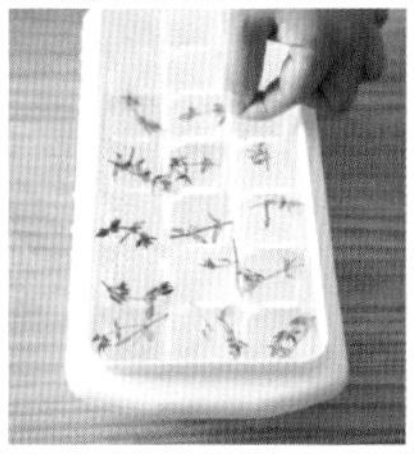

Tip **허브 얼음은 장식 효과가 있어요**

만드는 과정에 비해 너무 단조로워 보인다면 허브를 넣은 얼음을 사용해보세요. 얼음을 만들 때 타임을 잘라서 함께 얼려주면 예쁜 허브 얼음이 완성되지요. 얼음이 투명해야 허브가 돋보이니 정수된 물을 한 번 끓인 뒤 식혀서 얼리면 투명하고 예쁜 허브 얼음이 완성될 거예요.

말차팥라테

matcha redbean latte

재료
말차 7g
휘핑크림 100ml
물 15ml
설탕 25g
우유 150ml
팥앙금 45g
얼음(미니 조각) 40g

여름뿐 아니라 봄, 가을, 겨울에도 빙수를 간단하게 즐길 수 있는 방법이 있습니다. 얼음을 갈고 여러 가지 토핑을 올리는 과정을 생략하고 얼음을 블렌더에 갈아서 넣은 뒤 팥앙금만 넣으면 되지요. 팥은 어디에나 잘 어울리지만 녹차와는 더없이 잘 어울려요. 사각사각한 말차팥라테 한 잔을 마시고 나면 머리까지 시원해지는 것 같아요.

만드는 법

[1] 볼에 말차 2g과 휘핑크림을 넣고 핸드블렌더로 20초 정도 모양이 잡히지 않을 정도로 휘핑해주세요.

[2] 물을 끓인 뒤 다른 볼에 붓고 말차 5g과 설탕을 넣고 녹여주세요.

[3] 설탕이 녹으면 우유를 넣고 섞어주세요.

[4] 잔 아랫부분부터 팥앙금, **1**, **3**을 순서대로 넣어주세요.

[5] 얼음을 넣어주세요.
* 빨대로 말차우유를 마신 뒤 얼음과 크림, 팥을 같이 떠먹으면 됩니다.

Tip **말차크림은 살짝 흐르는 질감으로 만들어요**

팥앙금과 말차우유에 단맛이 있기 때문에 휘핑크림에는 설탕을 넣지 않아도 됩니다. 휘핑크림은 냉장고에 차갑게 보관했다가 사용합니다. 팥앙금과 말차우유 중간에 말차크림을 넣어야 하니 너무 단단하지 않도록 살짝 진득한 질감의 크림을 만들어주세요.

ROLLER
BURGERS · SHAKES · FRIES

말차큐브라테

matcha ice cube latte

재료

말차 12g
물 270ml
연유 40g
우유 40ml

말차큐브라테는 여유가 필요한 메뉴입니다. 얼음이 녹아버릴까 벌컥벌컥 마셔버리는 음료가 아니라 잔에 말차큐브를 넣고 우유를 부은 뒤 녹기를 기다리는 메뉴지요. 말차큐브에 우유가 스며들어 더 진하고 고소한 말차의 맛을 즐길 수 있어요.

만드는 법

[1] 물을 끓인 뒤 말차를 녹이고 연유를 넣어 섞어주세요.
[2] **1**을 한 김 식힌 뒤 얼음틀에 넣고 12시간 정도 냉동실에 얼려주세요.
[3] 잔에 **2**의 말차큐브 6개를 넣고 우유를 부어주세요.

Tip **여름에는 말차를 진하게 우려서 사용해요**

여름에는 얼음이 빨리 녹기 때문에 말차를 진하게 우려서 말차큐브를 만들면 좋아요. 말차큐브가 녹아도 밍밍해지지 않습니다. 겨울에는 말차를 우유와 섞어서 말차큐브를 만들어보세요. 우유를 넣으면 물을 넣은 것보다 잘 녹습니다.

말차카푸치노

matcha cappuccino

재료

말차 2g
물 15ml
우유 180ml
얼음(정사각형) 7개
말차(장식용) 약간

카푸치노는 폭신폭신한 거품 덕분에 로맨틱한 분위기가 나는 음료예요. 커피뿐만 아니라 말차로도 카푸치노를 만들 수 있습니다. 하얀 솜사탕 같은 거품을 고깔모자처럼 올려서 귀여운 느낌이 드는 메뉴입니다.

만드는 법

[1] 전자레인지에 우유를 넣고 1분 30초 정도 데워주세요.

[2] 데운 우유를 전동거품기로 60~80초 정도 거품을 내주세요.

[3] 물을 끓인 뒤 말차를 녹여주세요.

[4] 잔에 말차를 부은 뒤 얼음을 넣어주세요.

[5] 얼음 위에 **2**의 우유거품만 먼저 숟가락으로 떠서 올려주세요.

[6] 나머지 우유를 천천히 따라주고 거품이 컵 입구로 올라오면 숟가락 2개를 사용해 거품을 고깔모자 모양을 만들어주세요.

[7] 말차를 체에 내려 뿌려주세요.

Tip **쫀쫀한 우유거품을 사용해요**

우유에 거품을 낼 때는 거품기를 위아래로 60~80초 정도 움직이면 쫀쫀한 거품을 만들 수 있어요. 카푸치노는 거품이 가라앉지 않는 게 중요해요. 작은 거품은 파우더를 뿌리거나 시간이 지나면 금방 거품이 사라집니다. 쫀쫀하게 거품을 만들면 잔에 올렸을 때 유지하기도 쉽고 뿔이 난 듯한 거품 모양을 만들 수 있어요.

녹차바닐라셰이크

green tea vanilla shake

재료

녹차파우더(가당) 14g
우유 240ml
바닐라 아이스크림 50g
녹차초콜릿 과자(킷캣) 1개
얼음(정사각형) 10개

가끔 아주 달콤한 음료가 먹고 싶을 때가 있어요. 스트레스를 받았을 때, 우울할 때, 기분이 좋을 때, 그 어떤 때도 상관없어요. 녹차바닐라셰이크 한 잔만 있다면요. 킷캣kitkat은 셰이크에 넣어도 초콜릿의 바삭함이 살아 있어서 무척 맛있어요. 셰이크 한 모금에 킷캣 한 조각으로 하루의 당분을 가득 채워보세요.

만드는 법

[1] 녹차파우더, 우유, 얼음을 블렌더에 넣고 빠르게 한 번 갈아주세요.
* 녹차파우더는 단맛을 내기 위해 가당을 사용했고 BTS 그린티 믹스 파우더를 사용했어요.

[2] **1**에 바닐라 아이스크림을 넣고 다시 한 번 갈아주세요.

[3] 잔에 **2**를 담고 녹차초콜릿 과자로 장식해주세요.

Tip **아이스크림을 넣으면 더 부드러워요**

얼음의 굵기나 크기에 상관없이 아이스크림을 넣고 함께 갈면 시원하고 부드러운 질감의 셰이크가 완성됩니다. 설탕과 시럽을 따로 넣지 않아도 달콤하고요.

오렌지말차블렌디드

orange and green tea ice blended

재료

말차 3g
오렌지 2개
오렌지주스(가당) 100ml
꿀 15g
물 15ml
얼음(정사각형) 10개

오렌지말차블렌디드를 마시면 제주가 생각이 나요. 시야가 탁 트인 푸릇푸릇한 언덕에 앉아 제주의 귤을 담은 음료 한 잔을 마시는 기분 좋은 여행이 떠오르거든요. 당장 떠나지 못하는 아쉬움을 이 메뉴로 달래보는 건 어떨까요?

만드는 법

[1] 장식으로 사용할 오렌지 1쪽을 얇게 슬라이스해주세요.

[2] 나머지 오렌지는 과육을 분리해서 블렌더에 넣고 오렌지주스와 얼음을 넣고 갈아주세요.

[3] 물을 끓인 뒤 말차와 꿀을 넣고 잘 녹여주세요.

[4] 잔에 **2**를 부은 뒤 **3**의 말차를 천천히 부어주세요.

[5] 슬라이스한 오렌지를 올려주세요.

* 오렌지 아랫부분에 살짝 칼집을 내어 잔 입구에 꽂아도 좋아요.

Tip **퓨레 대신 생과일과 주스를 함께 사용해요**

오렌지의 과육과 껍질을 같이 갈면 맛과 색이 연해지기 때문에 껍질을 꼭 벗겨내야 합니다. 퓨레를 사용해도 되지만 퓨레는 단맛이 너무 강해서 오렌지 과육과 오렌지주스를 함께 사용하면 좋아요. 질감도 부드럽고 오렌지의 맛과 향을 더 진하게 만들어줍니다.

녹차푸딩

green tea pudding

재료(2잔 분량)

녹차파우더 6g
판젤라틴 1장
우유 120ml
설탕 30g
생크림 20ml

말차시럽

말차 5g
설탕 60g
물 100ml

설탕이 들어 있지 않은 녹차파우더를 찬물에 녹이면 덩어리가 생겨서 깔끔하게 녹지 않고 뒷맛도 텁텁할 수 있어요. 우유를 끓여서 녹차파우더를 녹이면 부드럽게 잘 녹을 뿐만 아니라 우유의 단맛이 높아지고 꿀을 넣으면 달콤하고 담백한 맛을 배가시킬 수 있어요.

만드는 법

[1] 볼에 차가운 물을 넉넉히 붓고 판젤라틴을 넣은 뒤 10분 정도 불려주세요.

[2] 냄비에 녹차파우더, 우유, 설탕을 넣고 중불로 가열하세요.

[3] **2**가 끓어오르면 불을 끄고 생크림을 넣은 뒤 잘 저어주세요.

[4] 판젤라틴을 건져 물기를 꼭 짠 뒤 **3**에 넣고 섞어서 체에 한 번 걸러주세요.

[5] 소스팬에 말차시럽 재료를 모두 넣고 2분 정도 끓인 뒤 식혀주세요.

[6] 유리병에 말차시럽을 5ml씩 넣고 **4**를 70ml씩 부은 뒤 냉장고에 넣고 4시간 정도 굳혀주세요.

[7] 유리병을 꺼내 말차시럽을 10ml씩 부어주세요.

Tip **판젤라틴은 찬물에 불려요**

판젤라틴은 물에 불린 다음 사용하는 제품입니다. 그대로 끓는 우유에 넣으면 덩어리가 생겨서 탱글탱글한 푸딩을 만들 수 없습니다. 찬물에 넣고 10분 정도 불린 뒤 물기를 꼭 짜고 넣어주세요.

2_ 홍차와 허브차

풍부한 향을 가진 홍차와 허브차를 아이스티로만
즐기기는 아쉬워요. 과일, 우유, 에스프레소와 함께 더
특별하게 만들어보세요.

허브홍차

iced black tea and herb

재료

홍차(얼그레이) 4g
물 300ml
레몬 슬라이스 말린 것 1개
허브(로즈메리, 타임) 적당량
얼음(정사각형) 12개

은은한 맛의 아이스티는 누구나 마시기 좋은 메뉴입니다. 물을 많이 마시면 건강에 좋다는 건 알지만 습관이 들지 않으면 어려운 일이에요. 하지만 얼음과 홍차만 있다면 수분 섭취가 훨씬 쉬워집니다. 베르가못의 향이 은은한 얼그레이로 부담 없이 홍차의 맛에 빠져보세요.

만드는 법

[1] 물을 끓이고 티포트에 부은 뒤 홍차를 넣고 5분 정도 우려주세요.

[2] 잔에 얼음을 가득 채워주세요.

[3] **1**을 부어주세요.

[4] 레몬과 허브로 장식해주세요.
* 장식용으로 좋은 허브는 로즈메리와 타임입니다. 로즈메리는 향이 강하기 때문에 조금만 사용하세요. 1줄기를 반으로 잘라 넣어주는 게 좋습니다. 허브 대신 말린 레몬을 넣어도 됩니다. 기호에 따라 시럽을 곁들여도 좋습니다.

Tip **잎차는 티포트를 사용하면 편리해요**

홍차는 종류가 다양한 만큼 우려내는 시간과 온도도 각각 달라요. 너무 오래 우리거나 너무 높은 온도에서 우리면 고유의 향과 맛이 변해 텁텁한 맛만 느껴질 수도 있습니다. 잎차는 티포트를 사용하면 편합니다. 홍차의 설명을 확인하고 티포트에 잎차를 넣은 뒤 적당한 온도와 시간을 지켜주세요. 보통은 85~90℃의 물에서 5분 정도 우립니다.

얼그레이레몬블렌디드

earl grey and lemon ice blended

재료

홍차(얼그레이) 3g
물 400ml
레몬 1개
꿀 15g

바위 표면에 물이 얼어붙어 얇은 얼음막이 생긴 모습을 표현한 음료입니다. 보기만 해도 온몸이 차가워지는 것 같지요? 산처럼 쌓아 올린 얼음에 레몬제스트를 올려 상큼하게 즐겨보세요. 레몬의 상큼한 맛과 얼그레이의 깊은 맛이 어우러져 특별함을 선사할 거예요.

만드는 법

[1] 물을 끓인 뒤 홍차를 넣고 5분 정도 우려주세요.

[2] 우린 홍차를 스트레이너에 거르고 한 김 식힌 뒤 얼음틀에 넣고 6시간 정도 냉동실에서 얼려주세요.

[3] 레몬은 1쪽을 슬라이스한 뒤 껍질 부분을 갈아서 제스트를 만듭니다. 반으로 갈라 스퀴저로 즙을 내주세요.

[4] 믹서에 얼린 홍차 얼음 10개와 레몬즙, 꿀을 넣고 핸드블렌더로 빠르게 30초 정도 갈아주세요.
* 스무디처럼 갈지 말고 믹서를 3~4번 정도 강하고 짧게 돌려서 얼음 입자를 살려주세요.

[5] 잔에 홍차 얼음을 차곡차곡 쌓아서 담아주세요.

[6] **3**의 제스트로 얼음 위를 장식해주세요. 슬라이스한 레몬을 그 위에 꽂아주세요.

Tip **레몬제스트를 사용하면 식감이 좋아요**

레몬 껍질을 사용하는 메뉴니 레몬을 꼼꼼하게 씻어주세요. 굵은 소금으로 문지르듯 닦고 베이킹소다로 두 번 정도 문질러서 깨끗하게 씻어주세요. 마지막으로 뜨거운 물에 식초를 조금 넣고 몇 초 정도 굴려주세요. 잘 씻은 레몬은 물기를 닦아준 뒤 꼭지를 제거하고 글레이터로 갈아주세요. 단순히 장식용이 아니라 레몬의 향긋한 향과 식감까지 더할 수 있답니다. 껍질의 흰 부분이 들어가면 쓴맛이 날 수 있으니 노란 껍질 부분만 사용해주세요.

연유밀크티
milk tea with condensed milk

재료

홍차(잉글리시 브랙퍼스트) 티백 1개
물 100ml
우유 200ml
연유 30g
얼음(정사각형) 2개

가끔은 기본적인 음료를 마시고 싶을 때 추천하는 메뉴입니다. 취향에 따라 우유를 차갑게 사용하거나 얼음을 한두 개만 넣어도 예쁜 층을 만들 수 있어요. 처음에는 홍차의 맛을 느끼고 그 뒤에 달콤한 우유의 맛을 느껴보세요.

만드는 법

[1] 홍차 티백을 물에 넣고 냉장 보관하여 12시간 정도 진하게 냉침해주세요.

[2] 우유에 연유를 넣고 잘 저어주세요.

[3] 잔에 잘 섞은 우유와 연유를 담아주세요.

[4] 얼음을 넣고 티스푼을 뒤집어 그 위로 냉침한 홍차를 천천히 흘려주세요.

Tip 층을 만들 때는 숟가락을 사용해요

온도차로 층을 만드는 방법과 달리 얼음을 조금만 넣거나 차가운 우유에 홍차를 부으면 은은하게 층이 생겨요. 우유에 연유를 녹인 뒤 숟가락을 뒤집어 천천히 타고 흐르듯이 홍차를 부어주면 됩니다. 홍차시럽을 사용하면 아래로 가라앉기 때문에 층이 생기지 않아요. 홍차를 냉침한 그대로 사용해주세요.

해태우유

밀크티플로트

milk tea float

재료

홍차(얼그레이) 6g
우유 240ml
시나몬시럽 25ml(p.59 참고)
바닐라 아이스크림 40g

플로트는 음료 위에 아이스크림이나 휘핑크림을 올려서 한 숟가락씩 떠먹는 메뉴입니다. 밀크티를 얼린 다음 부드럽게 갈아서 좋아하는 아이스크림을 한 스쿱 떠서 올리면 밀크티와 함께 부드럽고 달콤한 맛을 충전할 수 있어요.

만드는 법

[1] 냄비에 우유 200ml를 넣고 강불에서 끓여주세요.

[2] 거품이 올라오면 홍차와 시나몬시럽을 넣고 3분 정도 끓여주세요.

[3] 색이 우러나면 불을 끄고 한 김 식힌 뒤 스트레이너에 걸러주세요.

[4] **3**을 사각 얼음틀에 넣고 하루 정도 얼려주세요.

[5] 믹서에 밀크티 얼음을 10~12개 정도 넣고 우유 40ml와 함께 스무디처럼 부드럽게 갈아주세요.

[6] 잔에 **5**를 담고 숟가락으로 바닐라 아이스크림을 떠서 올려주세요.

Tip **홍차는 진하게 우리세요**

우유가 많으면 홍차의 맛이 약해질 수 있으니 홍차의 양을 늘려주세요. 찻잎이 둥둥 떠 있다가 아래로 가라앉으면 불을 꺼주세요. 찻잎이 춤추듯 우러나야 떫은맛이 없는 맛있는 홍차를 우릴 수 있습니다.

티코밀크티

milk tea with tico ice cream

재료

얼그레이시럽 25ml(p.57 참고)

우유 200ml

에스프레소 30ml

티코 아이스크림 1개

얼음(정사각형) 5개

어릴 적 티코 아이스크림은 그야말로 신세계였어요. 한 입 베어 물면 바닐라 아이스크림을 감싸고 있는 초콜릿이 아삭아삭 씹히는 추억의 아이스크림이에요. 커피와 어울리는 향긋한 밀크티를 한 모금 머금고 아이스크림으로 달콤하게 마무리해보세요.

만드는 법

[1] 잔에 얼그레이시럽을 부어주세요.

[2] 얼음과 우유를 넣어주세요.

* 티코 아이스크림의 초콜릿을 녹여서 함께 먹으려면 얼음 위에 살짝 올려주세요.

[3] 입구가 뾰족한 샷잔에 에스프레소를 담아 천천히 부어주세요.

[4] 티코 아이스크림으로 장식하세요.

Tip **에스프레소를 넣어 고소함을 더해요**

홍차와 우유를 섞으면 묘한 화장품 맛이 난다는 사람들이 있어요. 그래서 홍차를 거북하게 느끼는 것이지요. 하지만 커피와 밀크티가 만나면 쌉싸름한 맛과 고소한 맛이 어우러져 더 깊고 부담스럽지 않은 맛을 느낄 수 있어요.

딸기밀크티

strawberry milk tea

재료

홍차(다즐링) 티백 1개
우유 200ml
딸기 5개
설탕 25g

은은한 향의 홍차와 빨간색이 영롱한 딸기가 만나면 자꾸 냄새를 맡게 돼요. 마시기 전부터 향기로운 향 때문에 코를 가까이, 더 가까이 가게 되지요. 달콤한 맛과 은은한 향기에 반하는 딸기밀크티를 만들어보세요.

만드는 법

[1] 밀폐용기에 홍차 티백과 우유를 넣고 24시간 정도 냉장고에서 냉침해주세요.

[2] 딸기 4개를 깨끗하게 씻은 뒤 꼭지를 제거하고 작은 볼에 담아 으깨주세요.

[3] 으깬 딸기에 설탕을 넣고 잘 섞은 뒤 잔에 담아주세요.

[4] 냉침한 홍차를 부어주세요.

[5] 딸기 1개를 깍둑썰기해서 넣어주세요.

Tip **홍차는 냉침해서 사용해요**

찻잎과 우유를 함께 끓이는 밀크티와 달리 딸기밀크티는 홍차를 냉침해서 활용합니다. 달콤한 딸기가 어우러져 홍차의 맛을 더 진하게 느낄 수 있어요. 취침 전 밀폐용기에 홍차 티백과 우유를 담아 냉장고에 넣어두면 자는 동안에 우러나니 지루한 기다림도 두렵지 않아요.

히비스커스크림티

hibiscus cream tea

재료(2잔 분량)

히비스커스 티백 2개
물 500ml
휘핑크림 160ml
설탕 20g
꿀 30g
얼음(정사각형) 10개

히비스커스는 아름답고 강렬한 색처럼 한 번 마시면 헤어 나올 수 없을 정도로 중독성이 강해요. 과식을 했을 때 히비스커스 차를 한 잔 마시면 소화도 잘되고 붓기도 빠지는 것 같아서 더 좋아요. 카페인이 없어서 저녁에도 부담 없이 즐길 수 있고 크림을 올려 더 달콤하게 즐길 수도 있어요.

만드는 법

[1] 물을 끓인 뒤 티포트에 붓고 히비스커스 티백을 넣어 5분 정도 우려주세요.

[2] 티백을 빼고 꿀을 넣고 섞은 뒤 한 김 식혀주세요.

[3] 볼에 휘핑크림과 설탕을 넣고 핸드믹서로 3~40초 정도 휘핑해주세요.

[4] 잔 2개에 얼음을 5개씩 넣어주세요.

[5] 꿀을 넣은 히비스커스 차를 250ml씩 부어주세요.

[6] 휘핑크림을 80ml씩 쪼르르 부어주세요.

Tip **히비스커스 티백은 2개만으로 충분해요**

티백은 잎이 작아서 적은 양으로도 진하게 우러납니다. 뜨거운 물에서 2~3분 정도만 우려도 붉은빛이 돌고 잘 우러나니 5분 정도 진하게 우려주세요. 차가운 온도에서도 잘 우러나기 때문에 차가운 물에 우린다면 10분 정도 두세요.

초콜릿티라테

chocolate tea latte

재료

홍차(얼그레이) 3g
물 60ml
초콜릿파우더 25g
우유 120ml
초콜릿 5g
얼음(원형) 4~5개

홍차 중에서도 특히 얼그레이는 초콜릿과 잘 어울려요. 몇몇 카페에서 이 메뉴를 만날 수 있는 것만 보아도 누구나 인정하는 조합인 것이지요. 단맛 때문에 초콜릿라테를 좋아하지 않는 사람들도 이 메뉴는 맛있게 마실 수 있어요. 진한 치즈케이크 한 조각을 곁들이면 더없이 행복한 티타임이 될 거예요.

만드는 법

[1] 물을 끓인 뒤 홍차를 넣고 5분간 우려주세요.

[2] **1**을 스트레이너로 거른 뒤 초콜릿파우더를 넣고 녹여주세요.
* 발로나valrhona 초콜릿파우더처럼 진한 무가당 제품이 맛있어요.

[3] 우유는 전자레인지에 40초 정도 데운 뒤 전동거품기를 30초 정도 돌려 우유거품을 만들어주세요.

[4] 잔에 얼음을 넣고 **2**의 홍차를 부어주세요.

[5] **3**의 우유를 붓고 우유거품을 숟가락으로 살포시 올려주세요.

[6] 초콜릿을 잘라서 토핑으로 올려주세요.

Tip 따뜻하게 우린 홍차에 초콜릿파우더를 녹여요

초콜릿파우더가 잘 녹지 않으면 음료를 다 마시고 난 뒤 가라앉을 수 있으니 따뜻하게 우려낸 홍차에 초콜릿파우더를 곱게 녹여주세요. 이물감 없이 고운 초콜릿베이스를 만들 수 있어요. 진하게 우려낸 홍차에 초콜릿파우더를 녹이면 맛도 잘 어울리고 향도 진해져요.

유자캐모마일티

yuja and chamomile tea

재료

유자청 30g(p.51 참고)
캐모마일 티백 1개
물 300ml
얼음(원형) 8개

유자와 캐모마일의 은은한 노란색은 마음을 평온하게 해주는 것 같아요. 커피나 홍차를 마시기에는 부담스러운 시간에 좋은 차입니다. 유자청을 사용해서 캐모마일의 맛이 살짝 숨어 있지만 유자의 맛과 캐모마일의 향을 함께 즐길 수 있어요.

만드는 법

[1] 물을 끓인 뒤 캐모마일 티백을 넣고 5분 정도 우린 뒤 티백을 빼주세요.

[2] **1**에 유자청을 넣고 잘 섞어주세요.

[3] 잔에 얼음을 넣어주세요.

[4] **2**의 유자캐모마일티를 부어주세요.

Tip **차를 우리고 유자청을 녹여요**

유자청은 찐득하고 무게감이 있어서 찬물에는 잘 녹지 않아요. 90~100℃에서 우려낸 캐모마일차에 유자청을 넣고 잘 섞은 뒤 잔에 부어주세요.

레드베리홍차
red berries iced tea

재료
홍차(믹스베리) 티백 1개
물 400ml
냉동 믹스베리 90g
설탕 50g
레몬즙 10ml

세 가지 종류의 베리를 넣어서 상큼함이 넘치는 메뉴예요. 기분이 가라앉을 때나 우울할 때 레드베리홍차를 한 잔 마셔보세요. 상큼한 맛이 가라앉은 기분을 끌어올려줄 거예요. 은은하게 퍼지는 보라색 차를 눈과 입으로 즐겨보세요.

만드는 법

[1] 냄비에 물 100ml, 믹스베리 70g, 설탕을 넣고 끓여주세요. 설탕이 녹으면 레몬즙을 넣고 졸이듯 끓이다가 걸쭉해지면 불을 꺼주세요.

[2] 졸인 믹스베리를 한 김 식힌 뒤 체에 걸러 숟가락으로 꾹꾹 눌러 즙을 내주세요.

[3] 원형 얼음틀에 남은 믹스베리를 한 알씩 넣고 **3**의 믹스베리즙을 10ml씩 부은 뒤 하루 정도 얼려주세요.

[4] 물 300ml에 홍차 티백을 넣고 5분 정도 우린 뒤 티백을 빼주세요.

[5] 잔에 믹스베리 얼음을 10~12개 정도 넣어주세요.

[6] **1**을 부어주세요.

Tip **색소 대신 과일시럽을 넣어요**

믹스베리를 설탕과 졸이면 색소를 사용하지 않아도 예쁜 색감을 낼 수 있어요. 과일시럽이라 부르는 천연색소지요. 베리류로 만들면 보라색이 감도는 예쁜 색이 나옵니다.

300ml
HARIO
SCI
MADE IN JAPAN
300
200
100

홍차레모네이드

black tea lemon ade

재료

홍차(아삼) 티백 1개
물 100ml
레몬 1개
탄산수 150ml
얼음(미니 조각) 20g

레몬에 들어 있는 구연산은 피로 회복을 도와준다고 합니다. 피곤한 날이나 너무 더워서 잠을 설치는 날에는 홍차와 레몬을 넣은 에이드 한 잔을 만들어보세요. 싱싱한 레몬의 새콤한 맛과 홍차의 은은한 향이 피로까지 날려줄 거예요.

만드는 법

[1] 물에 홍차 티백을 넣고 냉장고에서 5시간 정도 냉침한 뒤 티백을 빼주세요.

[2] 레몬을 반으로 자르고 스퀴저로 착즙해주세요.

[3] 셰이커에 레몬즙, 우린 홍차와 얼음을 넣어주세요.
* 조각 얼음을 넣으면 얼음이 녹아도 시원하게 마실 수 있어요.

[4] 셰이커를 잘 흔든 뒤 잔에 담고 탄산수를 부어주세요.

Tip **레몬은 깨끗하게 씻고 착즙해요**

레몬은 껍질을 사용하지 않더라도 깨끗하게 씻어서 착즙해주세요. 과일을 착즙하면 맑은 음료를 만들 수 있어요. 레몬을 반으로 잘라서 스퀴저에 고정시킨 뒤 시계 방향으로 돌려서 착즙하세요. 레몬 1개당 40~50ml 정도의 레몬즙이 나옵니다.

하루하루, 홈카페

1판 1쇄 발행 2019년 3월 5일
1판 5쇄 발행 2021년 5월 13일

지은이 솜솜이(박성미)
편집인 김옥현

사진 한정수(studio etc.)
일러스트 이혜민(표지) 이효진(본문)
디자인 이효진
마케팅 정민호 박보람 김수현
홍보 김희숙 김상만 김현지 이소정 이미희
저작권 김지영 이영은
제작 강신은 김동욱 임현식
제작처 영신사

펴낸곳 (주)문학동네
펴낸이 염현숙
출판등록 1993년 10월 22일 제406-2003-000045호
임프린트 **테이스트**북스 **taste**BOOKS

주소 10881 경기도 파주시 회동길 210
문의전화 031)955-8895(마케팅), 031)955-2693(편집)
팩스 031)955-8855
전자우편 selina@munhak.com

ISBN 978-89-546-5516-3 13590

• 이 도서의 국립중앙도서관 출판예정도서목록(CIP)은 서지정보유통지원시스템 홈페이지(http://seoji.nl.go.kr)와
국가자료공동목록시스템(http://www.nl.go.kr/kolisnet)에서 이용하실 수 있습니다.
(CIP제어번호: CIP2019004226)

www.munhak.com